本書の全体像

組織づくりの3つのポイント
1. 儲かるポイントを理解しているか？
2. 覚悟の問題
3. 他産業のように当たり前のことをやる
Hパイセンの
教え
スター農家
Hパイセン
3章
覚悟の問題
家族
経営
組織
づくり
2章
儲かるポイントを
理解する
1章
そもそもの
「待遇」の話
¥
きちんと
待遇よくするには……
12章
デザイン・
ブランディングで
組織の見せ方を作る
7章
「管理」に関する設計
——経営の「数値化」
見える化

これからの農業は組織で勝つ

売上5000万・1億・3億円を突破する農家の人材育成・組織づくり

株式会社クロスエイジ 代表取締役
農業総合プロデューサー
藤野直人・スター農家H

同文舘出版

はじめに

ある日のこと、スター農家Hのもとを訪れる藤野。

藤野　「パイセン、あいかわらず儲かってますか？」

Hパイセン　「先月も営業利益で500万くらい残ったよ」

藤野　「単月でですか？　すごいっすね。でもパイセン、暇そうじゃないですか、iPadばかり見て。それ仕事じゃないでしょ」

Hパイセン　「今地方競馬が熱いのよ。そういえば、フジノオリーブ全然走らんかったよ。金返して。ユミチャンキックはがんばるんよね」

藤野　「……。それよりパイセン、農家の組織づくりの本を書きたいんですけど、協力してもらえませんか？　農家としてどうやって組織を作って、法人化していくか、5000万・1億・3億を超えていくか、みたいなことを体系化して、農業法人とか若手農家に役立ててもらえればと思ってるんですよね」

Hパイセン「おお、いいね。組織さえ作れば、農業なんてこれからいくらでも仕事は来るよ。俺、著者になるのー？」

藤野「いや、パイセンの名前は出さないほうがいいかと……。人間性に問題あるし」

Hパイセン「お前あいかわらず生意気だなあ、年下のクセに」

※本書の文中では、スター農家Hのことを「パイセン」、または「Hパイセン」と表記しています。「パイセン」とは先輩（せんぱい）を逆にした言い方。親しみを込めた場合もあれば、舐めている場合にも使われる、ちょっとくだけた呼び方。

≫5000万・1億・3億の売上を超えていく農業経営

本書のテーマはズバリ、農家の組織づくりです。農業をビジネス（事業）としてとらえ、5000万・1億・3億という売上の壁を越えていこうとする農家に向けて書いています。

家族経営で目いっぱいやれば、売上3000万円くらいにはなるでしょう。それが悪いわけではありません。農家の場合、だいたい3分の1が手残りですから、夫婦や親子で1000万円の収入を得られるのなら、立派なものです。

そこから組織づくりの決心をし、人を雇用し、法人化することで売上が5000万円を超えていきます。そして1億円を超えたあたりで、法人化や規模拡大によるメリットを享受できるようになります。

ただし、農業で生産部門や選果・調製部門、加工・6次産業化部門、管理部門の役割分担がきちんとでき、パート、社員、現場リーダー、経営幹部の体制も整い、組織が自動成長していき、農業経営者として経済的にも時間的にもゆとりが持てるレベルは3億円です。

本書に繰り返し登場する「5000万・1億・3億を超えていきましょう」という言葉には、そういった意味があります。

≫なぜ農家の組織づくりの本を書こうと思ったのか？

私自身は新規就農して、家族経営でがんばって、人を雇用し、法人化して、売上１億円を超え、販売や新規事業の施策を次々と打ち、うまいこと組織を作って、３億円を超えて……ということをやってきたわけではありません。そもそも私は農家でもありません。

私は、「農業総合プロデュース」ということを仕事にしています。農業法人、若手専業農家、異業種参入、篤農家（とくのうか）といった、地域で〝そこそこ〟儲かっている農家を対象にしています。

みんな〝そこそこ〟がんばっています。だけど、そういった農家が抱いている〝そこそこ〟じゃなくて、「農業界のスターになりたい」「地域の儲かっている事業者の代表格になりたい」「みんなに憧れられるような存在になりたい」という願望を叶えることが仕事です。販路開拓・商品企画・経営支援の３つの角度から５００以上の農家をプロデュースしてきた中で、５０００万・１億・３億の売上を超えていった農家を１００以上は見てきました。

そして今、農家はどんな情報を求めているか？　特に我々が対象としているプロ農家（スター農家予備軍）が、どんなことに困っているか？　と考えると、答えはひとつ、「組織づくり」でした。そうして、構想から1年を経て本書の出版に至りました。

農産物づくりやお客様に届けるための商品化はできた！　販路も見つかった！　そこそこ実績もできた！　今から上昇気流に乗るぞっ！　と思っても、組織づくりの壁が立ちはだかり、規模や収益の拡大ができない農家が多くいるので、何とか手助けしたい、その一心で書いた本です。

≫本書の予告編（プレビュー）

本章の内容をご紹介します。全部で12章あります。

まず1章は、「そもそもの『待遇』の話」ということで、農家が人を雇用する時、どれくらいの賃金で雇えばいいのか？　これくらいは払わないと、いい人が来たとしても辞めちゃうよね、ということをお話しします。

じゃあ、ある程度儲かった段階で組織づくりをはじめていかなきゃいけないですよね、ということで、2章は「儲かるポイントを理解する」という話です。儲かるポイントを拡大するために、そこに人を雇うという話ですね。

3章は、結局、組織づくりできるもできないも「覚悟の問題」だよね、という話です。やるか・やらないか、それに立ち向かうのかどうかが重要、という内容です。覚悟が決まったら、次の4章「中期経営計画の策定」に進みます。計画性なしに借り入れや人の採用を増やすと、精神衛生上よくありません。過去の財務状況や、現在の事業が今後も儲かるのかどうかを吟味し、そして勝つための戦略を考えて数値計画に落とし込みます。

5章では、中期経営計画の中でも、特に人員計画の部分を深掘りして、「職種と採用する順番」について書いています。これは重要です！

6章は、「教科書通り、他産業並みにやる」ことについて説明しています。私の感覚では、農業では何をやっても他産業の10倍効果が出るにもかかわらず、優秀な人が入ってこなかったために、やるべきことをやれていない、というのが業界の現状です。農業は特殊だからと嘆く前に、組織づくりにおいてやるべきことをやりましょうということと、では、やるべきことって具体的に何なのか？　をお話ししています。

6章を受けて、7章以降は組織のマネジメントに欠かせない5つの項目について個別に説明しています。

7章は「管理」について。経営の数値化への取り組みについて説明します。数字を見えるようにすることは、組織のマネジメントのベースになります。

8章は、「理念浸透」についてです。これからの時代、圧倒的におススメなのが、理念に基づいた経営です。

9章は「評価」に関する取り組み、10章は「教育」の仕組みについて、11章は「採用」のポイントについて解説しています。この「評価」→「教育」→「採用」という順番が大事です。逆にしてはいけません。

理想の人財イメージや組織像に対応する評価基準を作り、現状とのギャップを埋めるために教育を行ない、評価や教育の仕組みに適合する人を採用するのです。

最後の12章は、「組織の見え方を作る」というテーマで、デザインやブランディングについて書いています。きちんと組織づくりに取り組んでいるなら、最後は「見せ方」の問題になります。等身大の魅力が伝わるように、きちんと見られ方を意識し、見せ方にこだわりましょう。

変化が激しく、情報も氾濫している時代です。そういった中でも中長期的に通用する指針のような内容を意識しました。もちろん、本書だけでは足りない部分がたくさんあると思いますので、この本をベースに、時代の変化に合わせた本やセミナー、成功農家への視察などに取り組んでもらえればと思います。

≫販売力、商品力から組織力で勝負する時代へ

農家とバイヤー、シェフなどとの関係において、「取引」ではなく、「取り組み」をしたいというところが増えてきているように感じます。そうなると、「モノ・商品」ではなく、「ヒト・組織」が重視されるようになります。勝負するポイントが販売力や商品力でなく、組織力になってきているのです（商品力や販売力が大事なのは前提ですが）。

よい商品を作って、その価値を理解してくれるよいお客様に恵まれて、よい「ブラ

ンド」になっていけるかどうかはわかりません。なぜなら、ブランドには「保証性」が必要だからです。「価値あるもの」を「識別できる」形で販売して、そしていつでもその品質や、お客様が求める量を「保証できる」体制が必要です。これも組織力の問題です。

これからの農産物取引は、組織ができているところに話が行くという認識を持ちましょう。「これからの農業は組織で勝つ」のです。

私が農業界に足を踏み入れてから、書籍や講演、各種記事を通じてたくさんの農家の組織づくりの知見を与えてくださったレジェンド級の農家の皆さんに御礼申し上げます。具体的には、新福秀秋さん、坂本多旦さん、木之内均さん、木内博一さん、嶋崎秀樹さん。特に、創業当初の２００５年に縁をいただいた熊本県長陽村（阿蘇山のふもと）の（有）木之内農園会長の木之内均さんからは、「農業分野には中間管理職がいない、社長と現場の作業員だけ。だから農場長クラスが育たない。それがこれからの農業法人経営の大きな課題」と言われており、ずっとその言葉を頭の片隅に抱きながら、今日まで農家と関わってきました。そういう意味では、本書誕生のきっかけ、核のような教えであったと思っています。

それから、日々、実務で関わらせてもらっている、九州を中心としたスター農家、及びスター農家予備軍の皆さん。日々の販路開拓や商品企画、経営支援を通じて、各々の組織や組織の成長過程を見させてもらった経験が本書のベースになっています。

具体的には、奥松健二さん、香山勇一さん、大坪政輝さん（故人）、清木場真一さん、木須栄作さん、浅井雄一郎さん、春口輝義さん、乙部英夫さん、氏家靖裕さん、中瀬靖幸さん、中瀬健二さん、永原雄介さん、本田和也さん、牛島清市さん、香月勝昭さん。

特に、同世代である三重県津市の（株）浅井農園の浅井雄一郎社長からは、「数値化」経営の考え方や、明確な理念・ビジョン・価値観による一貫性を持った農業経営の発展可能性について、学ばせてもらいました。農業経営のベンチマーク（参考）事例であるとともに、常にその成長を見せてくれる非常に刺激的な存在です。

最後に、本書の共著者であり、部門ごとに役割分担し、組織が自動成長していく体制を構築した、スター農家であるHパイセンに深い感謝と敬意を記しておきます。
2005年に起業した私、1ヶ月先に就農したHパイセン、なぜ巡り会えたのかはわかりませんが、「プロデューサー」と「農家」の2つの体験・思考が重なり、誰かの役に立てる本書を発行できたことはまさに奇跡です。

本書が、何らかの形で読者の皆さんの組織づくりを成功させるきっかけになれば幸いです。そして、そのことが、私自身がこれまで多くの農家からいただいた恩をお返しする最高の方法だと思っています。

あなたも組織づくりを成功させ、Hパイセンのように地域のスター農家になってください！

2019年4月　株式会社クロスエイジ代表取締役　藤野直人

目次　これからの農業は組織で勝つ
――売上5000万・1億・3億円を突破する農家の人材育成・組織づくり

カバーデザイン 二ノ宮匡（ニクスインク）
本文デザイン・DTP マーリンクレイン

1章

そもそもの「待遇」の話

藤野　「パイセン、待遇ってどう考えます？　農業法人とかで」

Hパイセン　「まぁ、社員で将来的に農場長クラスとかで雇うなら、そうだねえ……。やっぱ、同世代の農協職員や役場の公務員よりも多くないといけないんじゃない」

藤野　「ふーん、それは何でですか？」

Hパイセン　「思ったのよ、俺。そもそも、田舎で農家でって言うと、普通に考えて、いい人の中からよりどりみどりで採用できないじゃん」

藤野　「地方の時代とか言われて、地方のほうが目立って採用が逆に有利ってところもありますけど、地方と農村地帯は違いますもんね」

Hパイセン　「あとさぁ、農家とか経営者って辞めるわけにはいかないでしょ。でも、雇われた人には選択肢があるわけじゃない、この会社でがんばるのか、よそで働くのか」

藤野　「なるほど。そうなると、まずは待遇だけでも整えてから雇ったほうがいいっていうことですよね」

Hパイセン　「そうねえ。田舎だと、地場の企業って言っても、そんなにいい待遇の会社なんてないから、とりあえず農協職員や役場の公務員よりはいい給料出してあげるっていうのがひとつポイントじゃない？」

藤野　「まあ、経営理念とか、ビジョンとか、自己実現とかで選ぶ人も最近は多いですけどね」

Hパイセン　「いやいや、俺だったら金だよ！」

「働きがい」と「働きやすさ」のバランスをとる

社員1人を雇うことを考えてみましょう。将来的には農場長や部門を任せられる人材に育ってほしい、という前提で考えてみてください。

仮にいい人を採用できたとします。でも、定着せずに辞めてしまうと悲劇ですよね。精神的なショックもありますが、経営にとって大きな損失です。

なぜ、辞めてしまうのでしょうか？

どうしたら、長く働いてもらえるのでしょうか？

まずは、**「働きがい」と「働きやすさ」の違いを理解する**ことが大事だと思います。

理念やビジョンへの共感、自己実現・成長できる環境、達成感などがあれば、3年くらいはがんばってくれるでしょう。これは「働きがい」があるからです。「動機づけ要因」とも言います。

組織の中でポジションが上がったり、昇進するとやる気が出ます。できる作業の幅が広がったり、スキルが向上したりすると個人の成長実感が伴い、やる気が出ます。みんなの前で表彰してもらえたり、目標達成を仲間と分かちあったりするとやる気が出ます。そして、チャレンジングな仕事を任せられるとやる気が出ます。

適切な「働きがい（動機づけ要因）」はスタッフの満足度、モチベーションを高めます。ただし、これだけでは長続きしません。これだけでやっていけるのは、社長やその配偶者、子供とかでしょう。

見逃しがちなのが、給料がいい、経営者や上司から適切に管理・監督されている、労働時間が適正、会社の方針がわかりやすい、人間関係が良好、オフィスが快適などといった要素です。これは「働きやすさ」というものです。「衛生要因」とも言います。「働きやすさ（衛生要因）」は、ないと不満がたまります。そして、整えたからといって、不満を解消したからといって、モチベーションが上がるわけではありません。マイナスだったモチベーションがゼロに戻るだけです。

でも、やっぱり「働きやすさ（衛生要因）」が整っていないと、いくら前述の「働きがい（動機づけ要因）」を充実させても、やがて人はモチベーションが維持できなくなって辞めていきます。

この「働きがい（動機づけ要因）」と「働きやすさ（衛生要因）」のバランスをとることについて、アメリカの心理学者フレデリック・ハーズバーグが言っているのが、2要因論という理論です。組織のメンバーのモチベーションをバランスよく見ていく必要があるという考え方で、組織論においては有名なフレームワーク※です。

ちなみに、働きがいはないけれど、働きやすいという職場も世の中にはたくさんあります。いわゆる、「ぬるい職場」というものです。そして、両方ない場合は「ブラック企業」になります。

この書籍を手に取ってくださった農業経営者の皆さんは、働きがいと働きやすさのバランスのとれた組織づくりを実現させてください。

※フレームワークとは、ビジネス上の問題とその解決について考える時の枠組み、構造。

ハーズバーグの2要因論

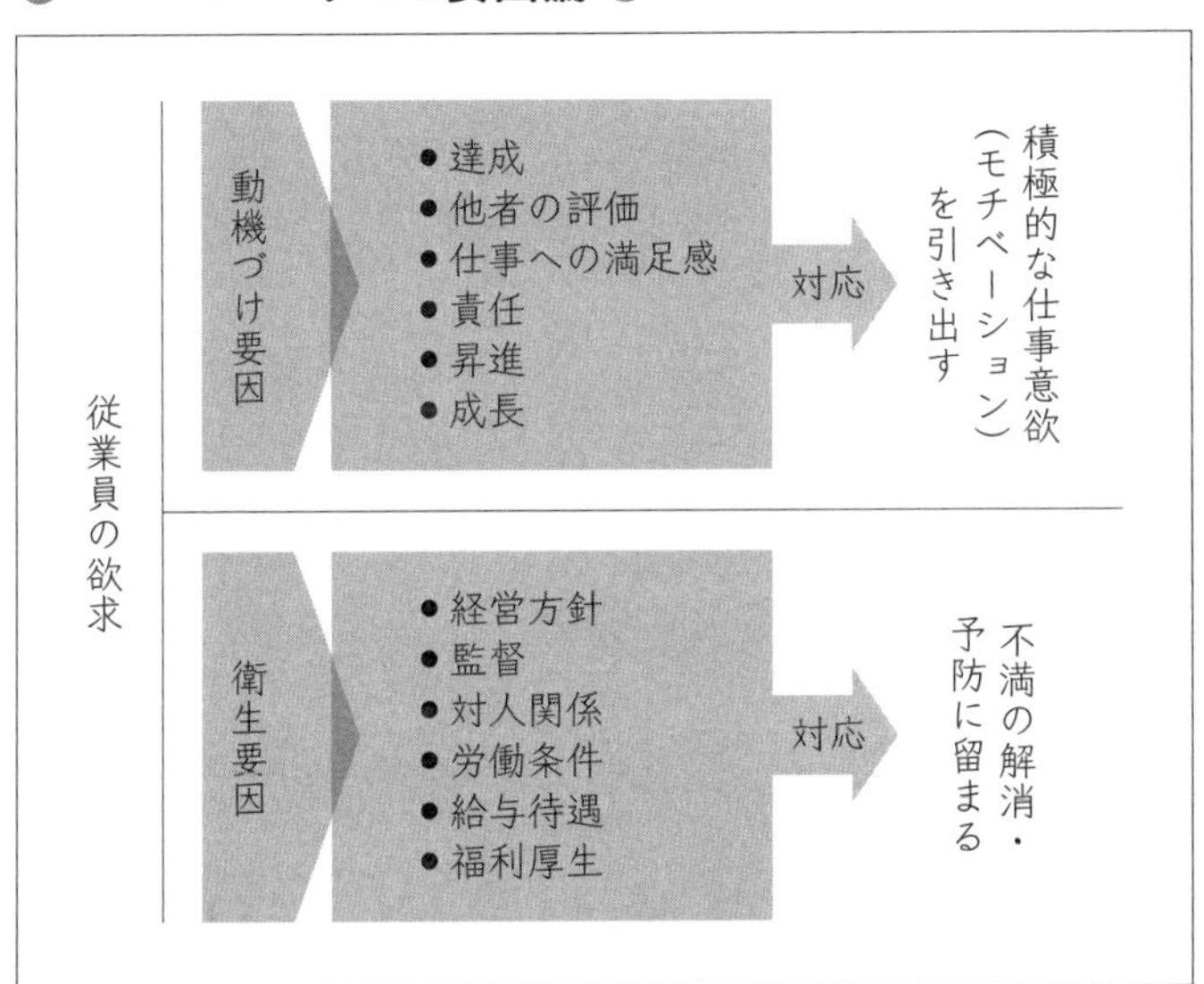

せめて農協、役場の職員を超えましょう

では、働きやすさのひとつの条件である「給料が高い（＝待遇がいい）」の基準はどれくらいなのかが、悩ましいですよね。

農業界で言えば、その基準は**農協職員の給料と地方公務員の給料**になるかと思います。農協職員・地方公務員の給料に対して「イコール or ベター」、つまり同等か、それ以上ならいいのではないかと思います。

と言うと、高いハードルに感じられるかもしれませんが、賞与は別で考えればいいでしょう。賞与は出せる場合、出せない場合がありますので、農協職員や地方公務員の年収から賞与分を差し引いた額を基準にしてみてください。

ちなみに、農協職員の場合、年代ごとの月額給料※の推計値は次の通りです（給料BANK　https://kyuryobank.com/komuin/ja.html）。

※「給料」とは残業代などの各種手当などを含まない、基本給のこと。

- 20代の給料：15万～20万円（推計）
- 30代の給料：20万～30万円（推計）
- 40代の給料：30万～35万円（推計）

平均年収はだいたい、３００万～５００万円＋ボーナスと推定されます。参考にしてみてください。

続いて、地方公務員の給料はどうでしょうか。総務省の統計調査に基づいた、地方公務員（一般行政職員）の年収を年齢別に算出したデータ――年齢区分、推計年収、（内数）推計ボーナス、ボーナスを除いた推計給与※月額は、次ページの通りです。

※「給与」とは、基本給（給料）と残業代や各種手当も含んだもののこと。

● 地方公務員の推定年収・給与 ●

年齢区分	推計年収	（内数） 推計ボーナス	ボーナスを除いた 推計給与
18～19歳	285万9,160円	75万8,572円	17万5,049円
20～23歳	352万6,039円	87万8,108円	22万660円
24～27歳	413万6,778円	97万9,686円	26万3,091円
28～31歳	471万1,412円	109万5,404円	30万1,334円
32～35歳	535万1,936円	124万64円	34万2,656円
36～39歳	603万3,725円	140万4,797円	38万5,744円
40～43歳	670万6,456円	157万2,424円	42万7,836円
44～47歳	721万9,160円	169万1,852円	46万609円
48～51歳	757万7,961円	177万7,173円	48万3,399円
52～55歳	781万7,737円	184万4,833円	49万7,742円
56～59歳	801万4,663円	189万8,803円	50万9,655円

出所：地方公務員給与実態調査（総務省）

このデータは全体の平均値なので、特別区（東京の区部）・指定都市（全国20都市）の職員が高く、次いで都道府県・市の職員、少し離れて町村の職員の値となります。特に、農村部の町村なら、平均データの90%で考えるといいでしょう。

ご自身の感覚と比べてみてどうでしょうか？

まずは、農協職員の給料月額を超えることを目指しましょう。最終的には、地域の地方公務員のボーナス含めた年収を超えることを目標にするといいでしょう。

働きやすさには金がかかる

「ふーん、そうかあ……。じゃあ給料はこれくらいにしよう！」とできれば何の苦労もありません。スタッフに相応の賃金を支払って、働きやすい環境を整えたいと考えるのは当然のことです。ですが、働きやすさを整える、給料を上げることは、「理解はできても実行するのはむずかしい」というのが実際のところでしょう。

理由は単純です。**給料を上げるには、「お金がかかる」から**です。

働きがいと働きやすさが両立された環境を作ることができれば、スタッフは成長を実感し、モチベーションを自ら高めていきます。不満の元を排除できるので、不要なモチベーションの低下を避けることもできます。多くの経営者は、そのようにしたいと考えることでしょう。でも、結局はある程度収益が出ていないと、「働きやすさ」は実現できないのです。

では、何から取り組んでいけばいいのでしょうか。

まずやるべきことは、事業の生産性を高めることです。経営者であるあなたや既存のメンバーで、生産している品目の儲かるポイントをつかみ、1人当たりの売上、粗利益を高めるのです。そうして儲かったら、人を雇って拡大・再生産していくという流れになります。

2章では、儲かるポイントについて、実際の農家の事例も交えながら、農業界の代表的な儲かりポイントを見ていきましょう。

2章

儲かるポイントを理解する

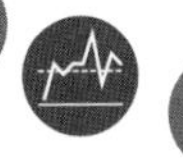

プルルルル、プルルルル（Hパイセンの携帯に電話）

Hパイセン　「おう、どしたの社長」

藤野　「あ、お疲れ様です。台風が来そうですけど、大丈夫そうですか？」

Hパイセン　「今回のルートなら大丈夫でしょう。台風の北側だもんね」

藤野　「いらぬ心配でしたね。パイセンのところは生産現場が強いんで、心強いです。そういえば、パイセンが就農した時って、どこまでの売上にしたいとか考えてたんですか？」

Hパイセン　「ああ、とりあえず1億はやりたいと思ってたね。まだ2000万くらいの家族経営だったから、みんなからは馬鹿だと言われてたけど」

藤野　「へえ、どれくらいの年数で達成できたんですか？」

Hパイセン　「それがさあ、『自分の代で1億にはしたい』って思ってたけど、すぐできちゃったのよ。2年だったかな」

藤野　「へえ、すごいっすね。今はどんな感じなんですか？　どこまでやりたいんですか？」

Hパイセン　「うーん、3億も達成してしまったし、5億は今度カット工場を新しく作ればいくでしょ……。その先の10億かな」
藤野　「じゃあ、ますます組織づくりが大事ですよねえ」
Hパイセン　「でも、最近俺、気づいちゃったのよ」
藤野　「何をですか？」
Hパイセン　「農家が組織づくりするポイントよ」
藤野　「マジすか、何ですか？」
Hパイセン　「ひとつはさあ、やっぱ、儲かるポイントをどんだけ理解しているかじゃない。何に力を入れていけばいいのか理解して、そこを中心に投資だとか、人が育つ仕組みを導入していけばいいんじゃない」
藤野　「ほう、たしかにそうですね、あとは何ですか？」
Hパイセン　「あとはねえ……。あっ、ごめん。俺、今ちょっと忙しいから切るわ。レースがはじまる」
藤野　「……」

儲かるポイントその１　生産現場に立ち戻る ＜＜＜

「少量多品目で消費者直結、やりがいのある農業を！」

「安心安全な有機農業を普及させよう」

「これからの農業は大規模に植物工場に設備投資！」

「理念・ビジョンを掲げて、研修生がたくさん集まる農場に」

「６次化で、付加価値高めて、百貨店や高品質スーパーに！」

「攻めの農業で、これからは海外輸出に取り組もう」


昨今よく聞かれるこうしたスローガンのすべてに、違和感があります。多くの農家を見てきた私にとって、「それで本当に大丈夫なのかな」と感じさせる言葉なのです。

そもそも、農業経営は、次の方程式で成り立っています。

● 農業経営の方程式 ●

売上

(1)単収×(2)単価×(3)規模

－

経費

(4)人件費+(5)減価償却費+(6)その他経費
(設備投資)

(1)単収
※●kg/10a
①栽培技術
②品種
③機械・設備
④栽培環境
⑤リスク対応

(2)単価
※●円/kg
①品質
②参入タイミング
③マーケティング力
④セールス力

(3)規模
①資金
②情報力
③地元信用

(4)人件費

(5)減価償却費
(設備投資)

(6)その他経費
①農薬
②資材費
③エネルギーコスト
④事務所管理費
⑤災害損失引当金・保険
⑥その他

利益

売上 － 経費 ＝ 利益

※単位面積(10a)当たりの利益、
単位作業時間(1h)当たりの利益、等

冒頭で紹介したスローガンに対し、私が思うところを率直に書いてみます。

「少量多品目で消費者直結、やりがいのある農業を！」
↓少量多品目でやると収量が上がりませんし、消費者に作物を直接送るBtoCは手間暇がかかりすぎます。

「安心安全な有機農業を普及させよう」
↓有機農業は、収量が低くて人件費がかかる割に、単価が見合いません。

「これからの農業は大規模に植物工場に設備投資！」
↓植物工場は、理論値通りに収穫できても売り先がないので、単価が維持できません。

「理念・ビジョンを掲げて、研修生がたくさん集まる農場に」
↓独立したい研修生が集まる農場もいいのですが、社員としての人材をきちんと育成・定着させることができないと、1人当たりの生産性・収益性は向上しません。

「6次化で、付加価値高めて、百貨店や高品質スーパーに！」
↓6次産業化に挑戦すると言って、加工品を作ってみても、食品メーカーには勝てません。地元の地産地消の売場に置かれるだけです。

「攻めの農業で、これからは海外輸出に取り組もう」
↓消費者のこだわりが強く、所得も高く、物流的にも無理がないのは国内マーケットです。海外はまだまだいばらの道です。

もちろん、ストーリーがあればいいと思います。すべての整合性、辻褄が合っていれば、「少量多品目」「消費者直結」「有機農業」「植物工場」「研修生がたくさん集まる」「6次産業化」「海外輸出」が事業のポイントだというのは理解できます。

でも、農家にとって**中長期的に強みにできる、真の差別化の源泉は、「生産現場」にしかない**と思っています。事業が儲かるポイントから「生産現場」は外せません。

繰り返しますが、農業経営の方程式は「単収×単価×規模（面積）」が売上、そして、コストの「人件費＋減価償却費（設備投資）＋その他経費」を差し引きしたものが収益です。

①単収　5000万・1億・3億を目指していくには、非常に重要な要素
②単価　有利な販路を築くことは大切ですが、餅は餅屋で販売はパートナーに任せるという発想もあり
③規模（面積）　これも大事な要素。地元での信用力、資金力などが必要
④人件費　1人当たりの生産性を高めることがこれからの農業ビジネスの肝
⑤減価償却費（設備投資）　費用の割合としては大きいので、適切な投資判断が必要
⑥その他経費　肥料、農薬など。そこまで大きな経営インパクトはない

生産現場が強ければ、単収も上がるし、A品率のアップや高品質が実現して「単価」アップにつながります。また、安定供給できることで「単価」にも大きく影響します。もちろん「規模（面積）」の拡大もできますので、売上の拡大が可能です。さらに、

生産現場が強ければ、コストにも好影響をもたらします。1人でカバーできる農場の面積が増えれば、売上に対する「人件費」の比率が下がったり、規模に即した有効な設備投資により売上に対する「減価償却費」の比率が下がったりして、経費を抑制できます。肥料や農薬なども、規模を拡大する中で単価を下げたり、散布しやすい形状にして人件費を下げたり、特殊資材を投入してかけたコスト以上に収量アップさせたり、さまざまな検証を進めていくことで、収益は向上していきます。

すべて「生産現場」に関わることです。5000万・1億・3億を目指すなら、組織づくりを目指すなら、事業の儲かるポイントとして、「生産現場」に軸足を置きましょう。

「生産現場」に強みの軸を持っている農業経営者が語る言葉は、次のようなものです。こんな風に自身の事業が語れるようになるのが理想的です。

「うちは1人当たり5haを管理するからね。他の農場を見てたら、人が多すぎやもん」(業務用青ネギ)

「水はけがいいから、どんなに降っても浸からないですもんね。面積大きくしようと思ったら、災害に強い農地が大事ですよ」(長芋)

「夏場でも、もう何年も欠品していません。輸送方法も確立しました」（パクチー）
「ハウスの中で年間8・5回転できて、年間を通じて出荷量を平準化（季節ごとのバラツキがない）できています」（水菜）
「ヨーロッパから取り入れた品種で、食味は維持しつつ、単収27tを実現しています」（ミニトマト）

儲かるポイントその2 栽培品目の単価維持 

「成長カーブ」という考え方があります。商品には導入期・成長期・成熟期・衰退期があり、成長期の商品、つまり需要のある商品であっても、放っておくと成熟期、衰退期に移行する、という考え方です。

どんなに需要のあった商品でも、いつしか成熟・衰退期に入り単価が維持できなくなります。単価が維持できない時点で、規模拡大はできません。無理に拡大すると、販売単価が安くなり、売上は変わらず忙しくなるだけです。

いくら生産現場が強くても、マーケットにおける商品の魅力がなくなってしまえば、成長は止まります。つまり、組織づくりに向かうことができません。

じゃあ、組織を作ることはできないのか？　と言うと、そうではありません。ここで覚えておいていただきたいのは、商品とひと口に言っても、単純に「何を作るか」という商品軸だけでなく、「どこに売るか」という販路軸、「どんな経営をしているか」の経営軸の組み合わせで考えることです。

商品の特色、販路の特色、経営の特色、これらを組み合わせて、「当面はこれで成長できそうだな、組織づくりして規模拡大しても、単価は維持できそうだな」と思えたらＯＫでしょう。

売上が1億円や3億円を超えるような農家でも、ずっと同じ品目（商品）を栽培し続けてきたわけではありません。その時々で栽培する品目を変更したり、量販店向けから業務用に販路を切り替えたり、6次化を取り入れ、カット野菜に進出したりしています。すべては「単価維持」との戦いです。

商品の新たな成長カーブを描き続けている農業経営体の例は次の通りです。

● 商品の成長カーブを描き続ける1 ●

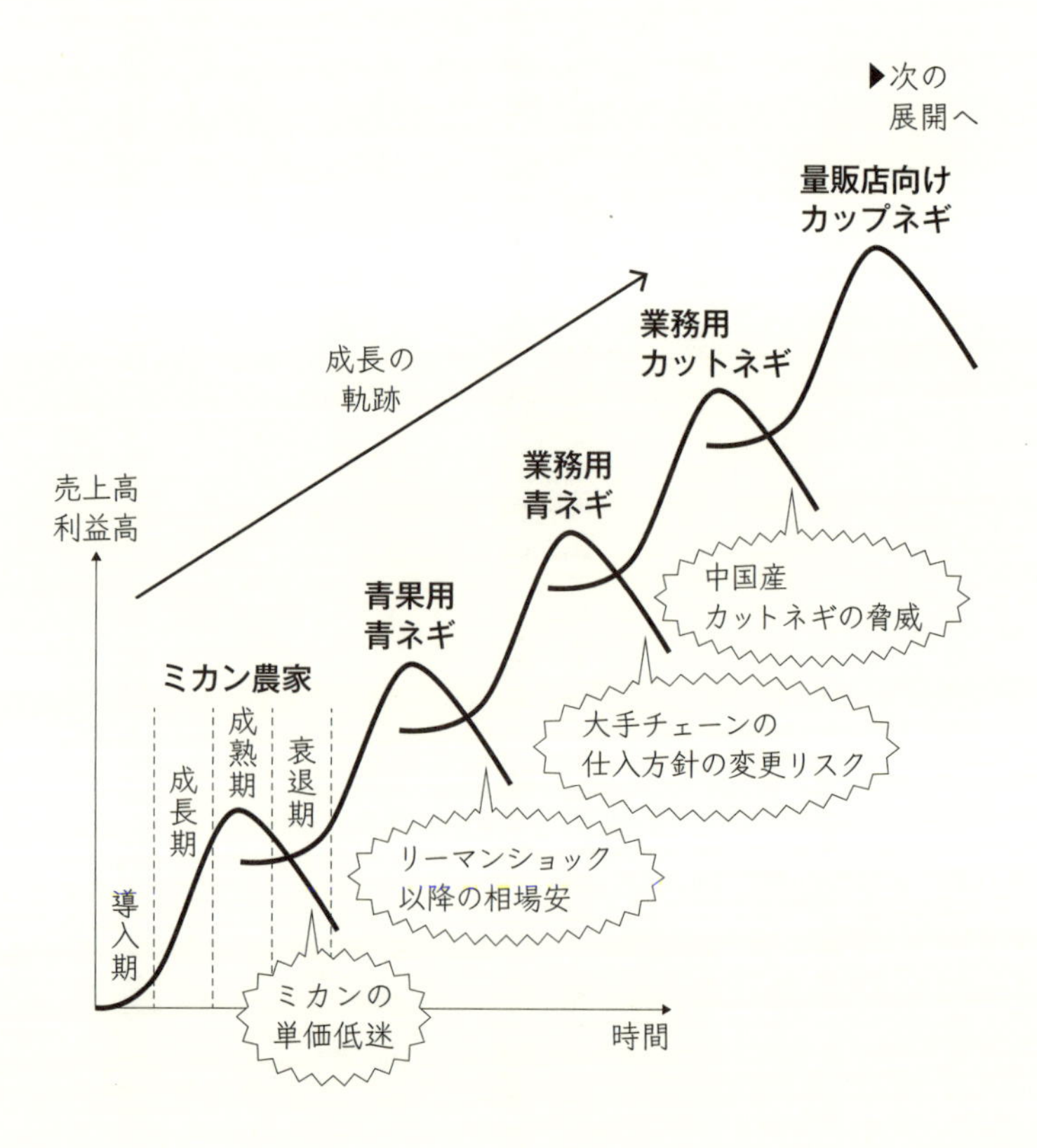

● 商品の成長カーブを描き続ける2 ●

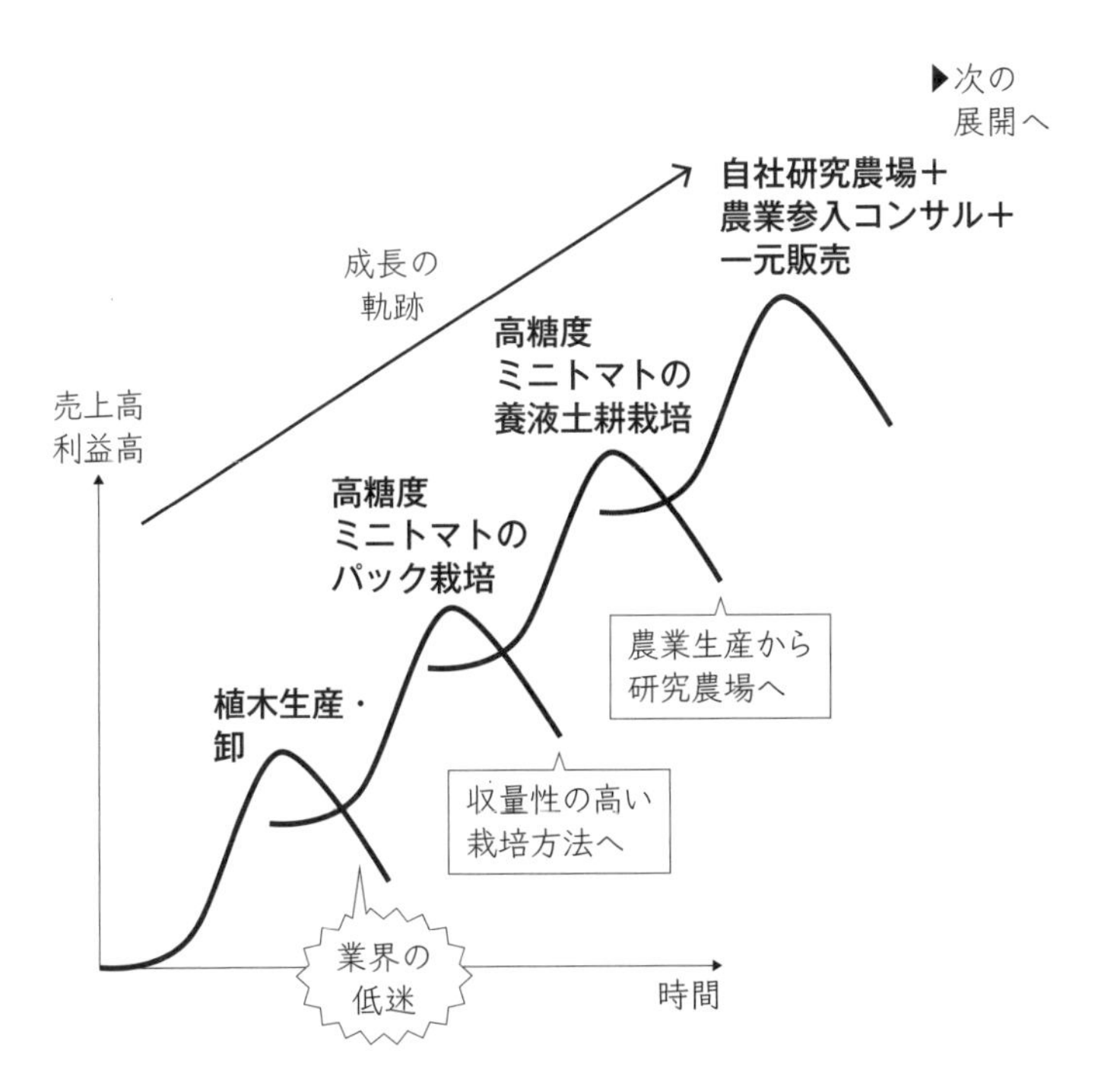

● 商品の成長カーブを描き続ける3 ●

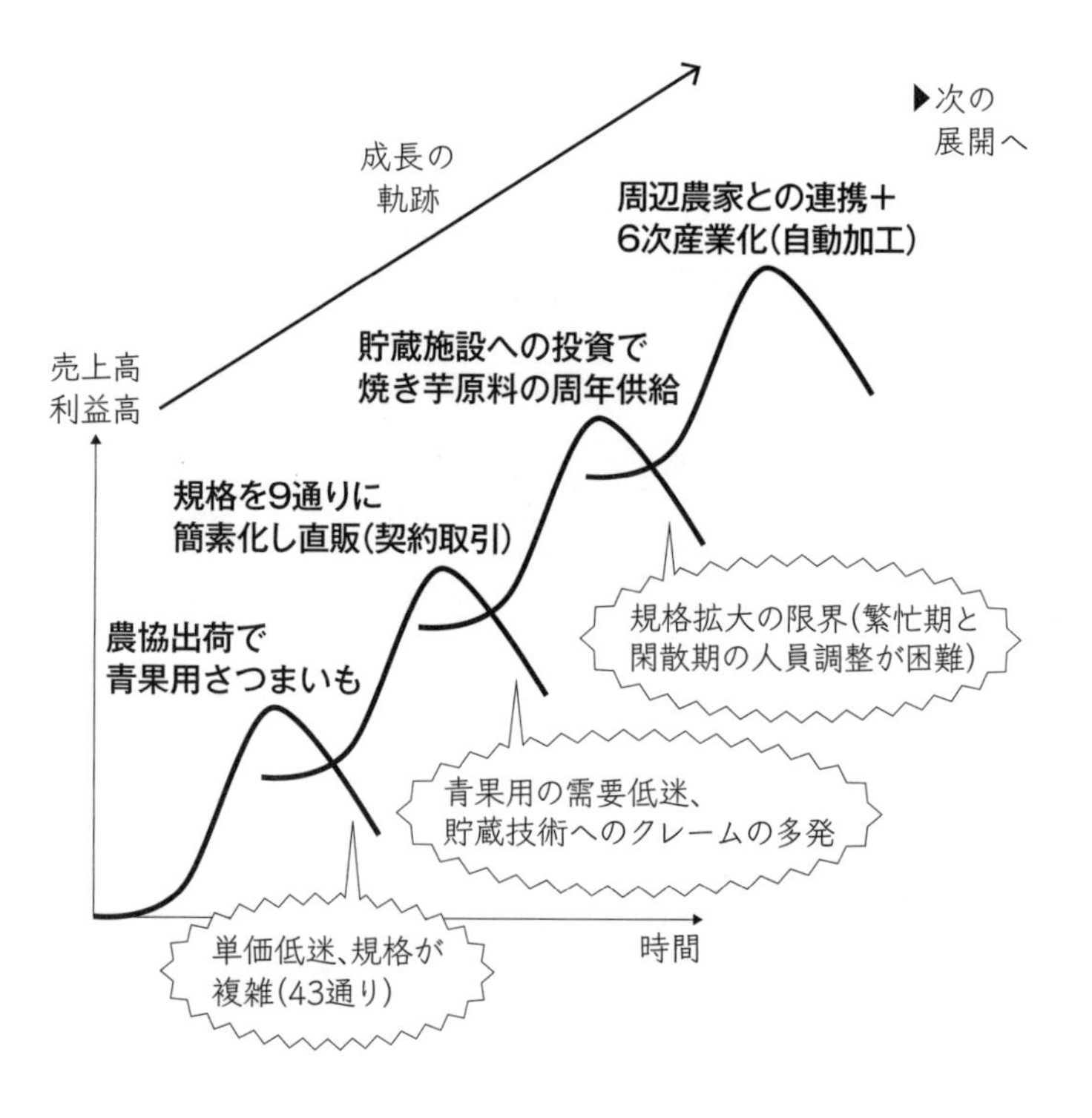

儲かるポイントその3　選果選別・箱詰め・出荷の工程を見直す ≪

きゅうりの農家が、ＡＩ搭載の自動選果機を自分で作ったことが、話題になりました。農業の世界では、収穫した農産物を仕分ける（選果）作業の比重が、場合によっては畑での生産コストよりも高くなることがあります。そして、自動選果機がある品目もあれば、ない品目もあります。

選果選別・箱詰め・出荷の工程を自動化、ないしは高速化、省力化できれば、生産現場にもっと労力を割けます。選果選別・箱詰め・出荷も大きな意味での生産現場に入りますが、農業経営の製造原価の中でもコスト割合が大きい部分です。

具体的な例で言うと、ニラは「生産できても出荷できない」ケースがあります。ニラは、ひとつの株に9枚ほど葉がついた状態で収穫されますが、外側の葉が固かったり、枯れかかっていたりして商品価値がないものがあるため、出荷する際には外側の葉を取り除く「そぐり」という作業が必要になります。そして、このそぐりを含めたニラの出荷調製作業は、ニラの作業労働時間の約80%を占めます。圃場の準備、育苗、定植、追肥・潅水、その他管理、収穫、ここまでの作業が20%で、出荷調整作業が80%です。これが、選果選別・箱詰め・出荷の工程に儲かるポイントがあると私が言う理由です。

儲かる方法は意外とシンプルで、「規格の簡素化」です。そもそも、農協や市場の規格は細かすぎます。ただ、これは産地側がより有利に販売、高く販売したいがために細かくしていったという経緯もありますので、農協や市場が悪い、産地が悪いという話ではありません。大量物流の中では、見た目や重さで判断していくことも大事でしょう。ただ、**シンプルに考えれば、あなたが対象としているお客様にとって、どういった規格であればいいいか**ということです。

具体例をあげましょう。

業務用青ネギ　切り口の直径が8㎜以下、8〜16㎜、16㎜以上の3規格から、10㎜以下（小）と10㎜以上（大）の2規格にすれば儲かります。

さつまいも　農協出荷の際は大きさや見た目、長い・丸いなど47あった選別規格から、直販に切り替え、9規格（特大・大・中・小、それぞれのA・B、加工用）にすれば儲かります。

ニラ　100g束で40束入れて1ケース4kgとしているものを、業務用で1kg袋で10袋入れて1ケース10kgにすれば、儲かります。

長芋　S・M・L・2Lで出荷するのではなく、小（S・M）と大（L・2L）で出荷することにすれば、儲かります。

パプリカ　大きかろうが小さかろうが、1ケース50本としてしまえば、儲かります。

これらはすべて、お客様が「それでOK」と言えば、という前提ですが、差別化商品で、なおかつ特定の顧客をターゲットに出荷しているのなら、規格を簡素化できる可能性はおおいにあります。農家の都合でやりすぎるとお客様の満足を得られませんが、それでも逆転の発想で、**その規格を買ってもらえる取引先を探す**というのもひとつの手です。規格の簡素化は検討してみるべきでしょう。

規格の簡素化以外にも、選果選別・箱詰め・出荷の工程で儲かる方法はいくつかあるので、簡単にご紹介します。儲かる方法を大別すると、「コスト削減」と「差別化」の2種類に分けられます（規格の簡素化はコスト削減につながる取り組み）。

≫ コスト削減

集約化　水菜、小松菜、ホウレンソウのパック詰めラインを、複数の農家で作業を集約化し、効率化。

熟練（スピードアップ）　ネギの調製作業において、外国人技能実習生の技能向上や熟練パートの育成を実施し、作業スピードを向上させる。

機械化　ニラの出荷に際して、「そぐり」という収穫後の工程を一部自動化するそぐり機を導入し、コスト削減を図る。

≫差別化

規格の多様化　規格の簡素化とは逆に、水菜を30ｇ、80ｇ、１００ｇ、１５０ｇ、２００ｇ、５００ｇ、１kgなど細かい単位で調製・出荷し、顧客の要望に応じる。

客観化　トマト農家で糖度センサーを導入したり、柑橘農家やさつまいも農家で重量選別機を導入したりすることで、品質や規格を、単に「甘い」とか、「フルーツみたい」といった主観的な表現でなく、「糖度8度以上」のように客観的に打ち出せるようにして、お客様との信頼構築を図る。

●選果選別・箱詰め・出荷の工程で儲けを出すには？●

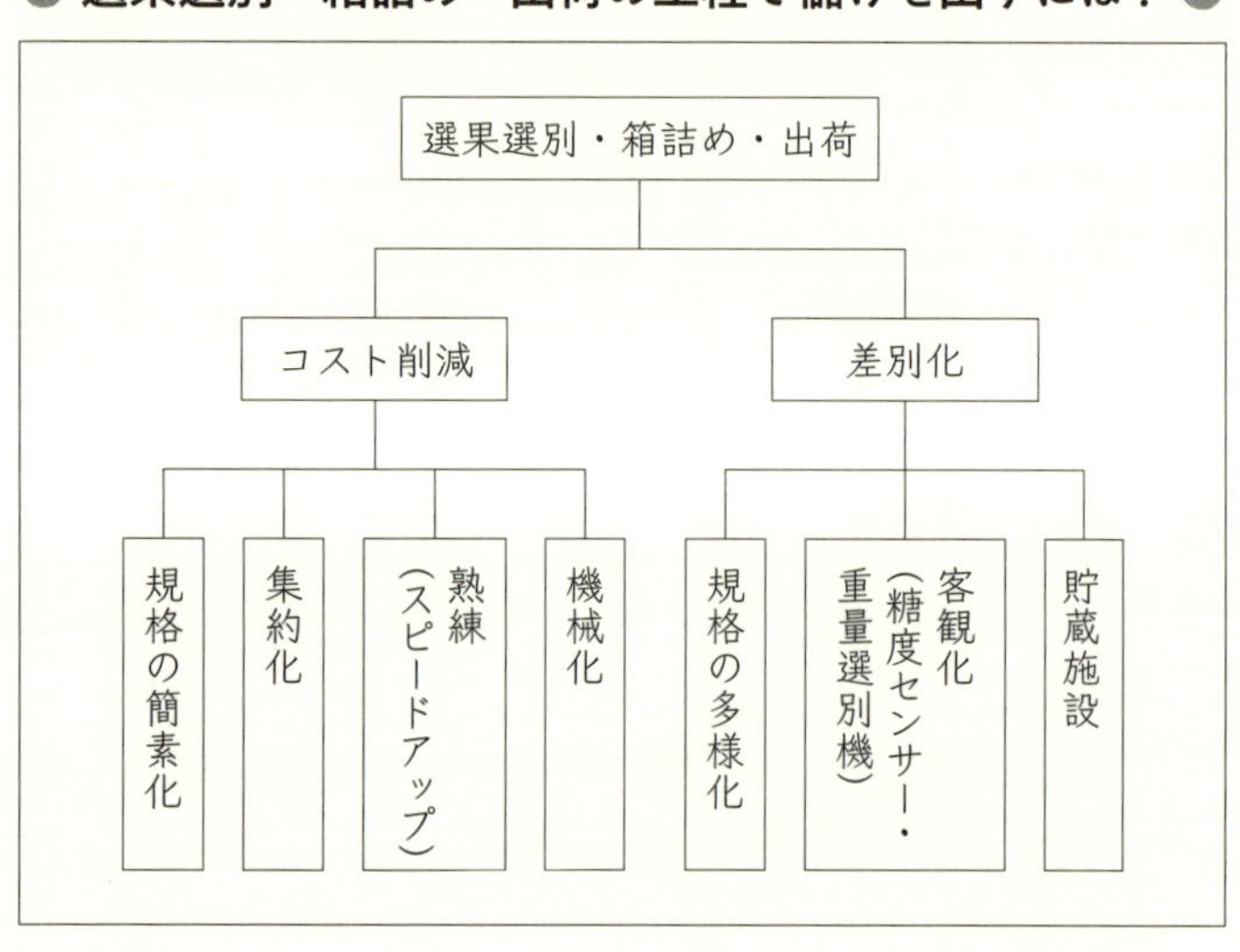

貯蔵施設　長芋やさつまいもの貯蔵施設を整備し、1年を通じて出荷できる体制を構築する。

選果選別・箱詰め・出荷の工程で儲かる方法を7つの切り口から紹介しました。生産工程においては、もちろん畑も大事なのですが、品目によってはこの工程の比重が非常に高いです。

さて、1章では、「働きやすさ」を整える必要があること、そのためにはある程度収益が出ていないと実現できないことをお伝えしました。そこで、この2章では、農業界の代表的な儲かりポイントである、「強い生産現場」「品目の単価維持」「選果選別・箱詰め・出荷の工程」を見てきました。


いかがでしょうか？

あなたの生産現場は強いと言えるでしょうか？

あなたが栽培している品目は新しい成長カーブを描けているでしょうか？

選果選別・箱詰め・出荷の工程でコスト削減や差別化はできているでしょうか？

自身の農業経営の儲かるポイントを押さえましょう。把握できたら、今度はいかにそこを中心に組織を伸ばしていくか、人材や資金を投入するか、を考えていきます。具体的には4章で解説する中期経営計画の策定で触れます。

まだ自身の経営の儲かるポイントがピンと来ていないのであれば、まずはそこを24時間・365日考えましょう。組織づくりを行なう上で、避けては通れない過程です。

3章

覚悟の問題

プルルルル、プルルルル（Hパイセンの携帯から電話）

Hパイセン　「おう、何してんの社長。暇だから電話した」

藤野　「ちょっと佐賀のミカン農家のところに行ってました。『俺はやっぱりミカン畑に出て、剪定しているのが一番いいんだよ』っていう農家と話してきたんですけど……。そういう農家、どう思います？」

Hパイセン　「どれくらいの規模をやってる人なの？」

藤野　「2haくらいですかね。人も雇用しているし、産直中心で販路も多彩ですけど、なんか経営的にはパッとしない感じなんですよね」

Hパイセン　「ふーん、まあ規模が中途半端なんだろうね。農家の組織づくりのポイントの話、したじゃん。あれの2つ目はねえ、覚悟よ、覚悟」

藤野　「おお、覚悟ですか、たしかにそうです」

Hパイセン　「要はさあ、組織づくりなんて、やろうと思うか思わないかの問題だから、前提としてさ、覚悟が大事やん」

藤野　「まあ、たくさん悩んだり、傷ついたりしますけど、そもそも、どれくらいの規模感でやりたいのか、まずそこを決めないとですね」

Hパイセン「別に無理して、雇用とか法人経営とかしなくてもいいわけじゃない。そもそも法人化って、中途半端にやっても何の意味もないのよ。やってよかった、メリットがあったという規模感までやらないといけないし、お金を張る時には張らないといけないし」

藤野「しかも、採用とか、コンサルタントを入れるとか、事務周りのシステムに投資するとか、目に見えないものにお金を投資し続けないといけないですもんね」

Hパイセン「そうだね。あとマニュアルとか、ルールとか決めて、自分たちが守るのは当然だけど、取引先にも守ってもらわんといかんからね。それでお客さんなくなったりもあるし。いつ効果が出るかわからんものに張り続けるには、覚悟が必要よ」

藤野「でも、厳しい道を歩む分、到達点が人より高いし、正しい言い方かわかりませんが、当たった時の見返りは大きいですもんね」

Hパイセン「でも、おねーちゃんよりは難しくないと思うよ、大当たりのおねーちゃんをものにするほうがはるかに難しい」

農業経営者にとっての「覚悟」とは？

本章では「覚悟」についての話をしていきます。

何をもって、覚悟がある、覚悟がないと言えるのか？　その基準は、経営者のレベルや組織の発展段階に応じてさまざまあるわけですが、それを体系化するつもりはありません。

ただ、農家として5000万・1億・3億を超えていくためには、次の2つの覚悟が大事だと考えています。

1　目標を自ら作り出す覚悟

2　天候や災害のせいにしない覚悟

必要な覚悟その1　目標を自ら作り出す覚悟

ひとつ目は、「目標を自ら作り出す覚悟」です。

組織というのは会社全体の目標となる経営目標があって、それを実現するための部門ごとの目標、個人ごとの目標……という風にブレークダウンされていきます。スタッフ一人ひとりが自ら設定する目標は、基本的に経営目標あってのものになります。

経営者は自らの農業に対する想い、地域や家族の期待、栽培品目を取り巻く環境などを注意深く観察し、自分の腹に落とし込み、自ら会社を方向づける目標を設定していきます。周囲からのアドバイスがあるにせよ、最終的に会社が進む目標を決めるのは経営者です。

組織づくりということにおいては、**どれくらいの売上を目指すのか、部門や拠点はいくつにするのか、その時の組織の人数は何人くらいか、どんなスタッフに働いてほしいのか、こういった一つひとつの目標を、経営者として作り出す覚悟を持つ**必要があります。

必要な覚悟その2 天候や災害のせいにしない覚悟

2つ目は「天候や災害のせいにしない覚悟」です。

農業界において、高い業績を継続して保っている経営体は、とにかく欠品しません。「時期的に今は品質が……」とか、「猛暑だから……」といった条件を言い訳にしないのです。

天候の影響をまったく受けないわけではありませんが、かなり高いレベルでお客様との約束を守り、迷惑をかけません。もちろん、大災害の時は仕方ありませんが、それでも最後の最後までお客様との約束を果たそうとします。

そもそも、すぐ天候のせいにするようでは、スタッフの教育にもよくありません。組織づくりに際しては必須の覚悟と言えるでしょう。

農家の気合と根性を見せてもらったひとつのエピソードをご紹介します。

野菜のカットまで手掛けるある農業法人の畑は、多少の豪雨ではびくともしません。そもそも、自宅から1時間以内にある、水はけのよい農地を選ぶ努力を普段からしています。技能実習生が住み込みで働いているので、すぐに作業にあたることもできます。

それでも、2017年の九州北部豪雨では雨がひどすぎて、カット工場の一帯が停電になりました。カットするための機械が動きません。そこで、建設会社に行って発電機を調達し、それで発電してひと晩かけてカットしました。

災害に遭ったとしても、できるところまで力を尽くす――その覚悟が働く人に伝播して、一人ひとりが責任感を持って働く組織が作られていくのだと思います。

事業として安定する規模は10億円……とまでは言わなくても3億円 ≪

では、覚悟を持ったところで、どのくらいの規模の組織を目指せばいいのか。これは、売上3億円をひとつの目安として考えるといいでしょう。

売上10億円を超えると、企業は非常に安定してくると言われます。役割分担する際に、一つひとつの役割にそれなりのボリュームがあるので、任せやすくなります。逆に言えば、売上が小さいなら、社長が全部自分でやったほうが効率的です。

また、それなりの売上があるので財務基盤も安定してきます。それだけの数字を出しているのは、社長1人の営業力でないでしょうから、稼げる社員が育つ仕組みもできているはずです。

そうは言っても、農業で売上10億円となると、かなりハードルが高いのも事実です。ただし、販売単価面での努力や、収量の向上による製造原価の低減、販管費の圧縮などで、3億円あれば、社長が現場に出なくても十分に収益が出る体質にはなっていけます。これが青果流通業や小売業だと、10億円くらいないと安定しないでしょうが、農業は製造業なので、3億円でも十分利益が出ます。

1億円でもいいんじゃない？　と思われるかもしれませんが、1億円だと正直、そんなに手残りがない、家族経営で目いっぱいやって数千万円の売上を確保するほうが、手残りがいい、という感覚でしょう。法人化して、組織を作って、その実りを得るには、やはり3億円がひとつのラインではないかと思います。

スモール・イズ・ビューティフルもいいけど、3億円だってスモール

《

スモールビジネスや小規模な農業を否定する気はまったくありませんし、そういった農業が多様性を生み出し、日本食や日本の豊かな食文化を作っているという背景もあります。理想のライフスタイルと両立させる農業のやり方もあるでしょう。

ただ、地域のアドバルーンとして、憧れの対象となるスター農家として、品目で地域ナンバーワンになる農家として、3億円を超える農家がもっと増えていってほしいと願っています。

本書を執筆しているのも、そうした農業を実現し、農業をやってよかった、この道を選んで正解だったと思ってほしいからです。

それに、売上3億円がゴールというわけではありません。世の中には5億円、10億

円の農家もいますし、関連事業まで含めると100億円に達するような農家もいます。3億円でも、他業界に比べれば小さいのです。それくらいは目指していきましょう！

さて、本章の締めくくりに書いておきたいことがあります。いつ、どのタイミングで誰から言われたのかは忘れましたが、私の好きな定義です。

> 売上は何のために必要なのか？　理念を拡大するために必要。
> 経営者の人間性と雇用数は比例する！

このように定義し、心の中で唱えると、私はやる気が出ます。売上を拡大し、できるだけ雇用も増やしたいと思います。皆さんはいかがでしょうか？

組織づくりは、やるか・やらないかです。やると決めたら、あとは全部自分次第。覚悟を持ってやりとげましょう。

4章

ちょっとテクニカルな話、中期経営計画の策定

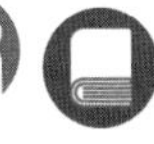

Hパイセン「社長、事業計画作って」
藤野「おお、いいですよ。でも、どうしたんですか？」
Hパイセン「飲食店をやりたいのよ、仕入が肝になるような飲食店。農家がやれば絶対儲かるってやつ」
藤野「ほう……。まあ、趣味でやってくださいよ」
Hパイセン「飲食は究極の商売よ。立地も大事だし、人のマネジメントも必要だし、プロモーションとか内装とかもセンスいるでしょ。これもできるようになったら、最強じゃない」
藤野「まあ、趣味でやってくださいよ。僕はよくわかんないす」
Hパイセン「あら、ノリが悪いね……」
藤野「それよりパイセン、農家ってちゃんと事業計画があったほうがいいと思います？」
Hパイセン「まあ、ざくっとしたものはいるよね」
藤野「なんか、事業計画で意識しているポイントはありますか？」
Hパイセン「かなりきつめの計画がいいんじゃない？　希望的観測は捨ててね。

自然災害はあるけど、何があっても続けていかないと意味がないじゃない」

藤野　「そうですね、新工場作る時の計画もかなり絞りましたもんね」

Hパイセン　「あとは、生産現場の技術がその事業計画とかみ合ってないと、意味がないよね」

藤野　「まあ、たしかに。いくら売上を増やす計画を作っても、生産現場でノウハウが蓄積されてないと、リスクが大きいだけですもんね」

Hパイセン　「農業の二大経費は『人件費』と『減価償却費』、つまり設備投資でしょ。そこに経費をかけつつ、いかに単収を上げていくか、いかに1人当たりの生産性を上げるかが大事」

藤野　「必勝パターンさえ固まれば、農業機械は安いですし、借地は安いから、拡大していけますもんね」

Hパイセン　「銀行とかには厳しめの売上や利益の見通しを出しておいて、それで台風が2発来ても大丈夫な経営しないと意味ないでしょ」

藤野　「まあ、そうですけど、現実的には難しくないですか？　堅めに見て、台風2発来て、それでも利益が出るような経営なんて」

Hパイセン 「それはそうなんだけど、やっぱどこかで、張る時は張らないとだめってことだよね。勝負かけるタイミングはあるよね」

藤野 「まあ、なくなるまで張っちゃいかんすけど、だらだら少しずつ投資しても、大きくは成長できませんもんね」

Hパイセン 「お水のおねーちゃんを口説く時と一緒よ。だらだら通ってもしょうがなくて、1ヶ月で集中して通ったほうがいいっしょ」

藤野 「……」

「戦略的になる」とは「中期経営計画が作れる」こと

組織づくり・規模拡大を目指すなら、経営戦略を持つ必要があります。経営戦略とはなんでしょうか？　5000万・1億・3億を突破しようとする農業経営者にとって、経営戦略とは中期経営計画です。この中期経営計画には、3つの条件があります。これを満たしていないと、あまりいい計画とは言えません。

ひとつ目の条件は、きちんと**「市場」に目配りしている**ということです。市場というのはもちろん、青果市場を指しているのではありません。自社の都合だけでなく、きちんと顧客や競合の動向に注意が向いているかということです。

2つ目の条件は**「長期的」**ということです。日々の計画や1～2ヶ月先の計画だけでは、組織を持続的に発展させ続けることはできません。**3年から5年の計画を持つ**

ことが必要です。

3つ目の条件は、**「具体性」があるということです。**何を・どうするかが明らかでないといけません。経営を発展させていくための設計図ですから、それを見てスタッフも何をしたらいいのかがわかるものでないと意味がありません。

これらの3つの条件を備えた中期経営計画を、組織の発展段階に応じて作成していくのです。

≫中期経営計画を作成するタイミング

この中期経営計画を策定するタイミングが、これまで繰り返し述べている、5000万・1億・3億を突破しようと考えるタイミングです。

中期経営計画の策定を通じて、1000～2000万円の家族経営から、どうやって法人化して5000万円を突破するのか、設計図を考えます。

5000万円を超えて伸び悩む時期が続く農業法人と、一気に1億円を超えていく農業法人があります。中期経営計画があるかどうかは別として、戦略的な経営体は伸びていく、そうでないところは伸びていかないのでしょう。

「俺は頭の中で戦略を全部描ききっている！」というのであれば構いませんが、少しでも不安があるなら、とりあえず中期経営計画を策定してみて損はありません。経営戦略を手に入れることができます。

そして、1億円から3億円を目指す局面がおとずれます。1億円までは、効率が悪かったことを効率よくやる、歪んでいた市場を是正する、といったことで突破できますが、農業で3億円を超えるとなると、これまでの延長にない新しい商品の開発や、魅力的な市場の創造をしなければなりません。より、戦略が求められます。やっぱり、中期経営計画を作ってみたほうがいいと思います。

中期経営計画を策定する3ステップ

中期経営計画の策定に当たっては、大きく3つのステップがあります。

ただし、3つのステップに進む前提として、「何のために中期経営計画を策定するのか?」という目的は必要です。目的もなく、中期経営計画を作りはじめても、得るものはたいしてありません。たとえば、次のような目標売上に向けて、中期経営計画を策定するといいでしょう。

「家族経営で目いっぱいがんばって、3000万円の売上を実現できた。今後は、5000万円の売上を突破しつつ、法人化、海外技能実習生の受け入れを実現していきたい。そのために必要な中期経営計画を策定する」

「売上1億円を突破するために必要な農地の面積、単位面積当たりの収量、人員計画、設備投資計画を整理し、3年後の達成に向けて計画的に経営していきたい」

「売上3億円を突破するために、6次産業化に取り組みたい。そのための商品のマーケットの有無や売上計画から逆算した設備規模や原料の安定供給体制を整備し、設備投資額を決定したい」

また、次のような目的で中期経営計画を作りはじめるケースもあります。

「販路も増えたし、商品もいろいろあるんだけど、人も業務も増えて、いまいち儲かっていないので、事業の再整理をしたい」

「マスコミで注目されたり、SNSでの露出度は高いんだけど、この人数（家族経営＋アルファ）でどこまで売り上げれば利益が出ていくんだろう……と漠然と不安。損益分岐点となる売上を知りたい」

「6次化だとか、規模拡大だとかを図りたいけれども、社内のスタッフや行政・金融機関に理解・納得を得るのが難しいので、そのための資料が欲しい」

「この品目でこれまでそこそこやって来たけれど、他の生産者も増えたし、先行きが不透明で人を増やせない。新しい成長カーブを描ける栽培品目や経営のやり方を考えたい」

「既存の6次化の施設が販売好調で手狭になったので、第2工場を作りたい。そのための銀行対応資料が欲しい」

これらの理由は、売上5000万・1億・3億の道筋をつけるという観点とはちょっと違いますが、実際に中期経営計画の策定理由としてあったものです。

いずれにせよ、何のために中期経営計画を策定するのか、という理由を明確にしましょう。それから、次の3ステップに進みます。

ステップ1　過去の財務の分析で現状を理解する
ステップ2　現在の事業（栽培品目）の事業性を評価する
ステップ3　今後の戦略を描き、数字に落とし込む

≫ステップ1　過去の財務の分析で現状を理解する

まず、何をするかというと、決算書を時系列に見られるように整理します。「**決算**

● 決算書の経年推移分析 ●

（単位：千円）

科目	2013年度	2014年度	2015年度	2016年度	2017年度	備考	推移について
売上高	126,600	131,780	157,280	162,830	177,000		
売上高増加率		104.1%	119.4%	103.5%	108.7%		
稲作売上	1,900	1,600	2,400	2,900	2,000		
売上高増加率		84.2%	150.0%	120.8%	69.0%		
施設野菜売上①	49,000	51,000	57,000	65,000	67,000		
売上高増加率		104.1%	111.8%	114.0%	103.1%		
施設野菜売上②	62,000	59,000	66,000	55,000	68,000		
売上高増加率		95.2%	111.9%	83.3%	123.6%		
露地野菜売上	13,000	20,000	30,000	38,000	38,000		
売上高増加率		153.8%	150.0%	126.7%	100.0%		
その他野菜売上				90	130	家庭菜園	
売上高増加率					144.4%		
加工品売上			1,600	1,300	1,400		
売上高増加率				81.3%	107.7%		
役務収益	700	180	280	540	470	田んぼの受託作業	
売上高増加率		25.7%	155.6%	192.9%	87.0%		
売上原価	89,010	90,600	98,500	110,770	129,490		
商品仕入高	10	0	3,100	570	290	農協から	
期首商品棚卸高	3,600	3,600	3,000	2,600	2,400		
当期製品製造原価	89,000	90,000	95,000	110,000	130,000		
△期末商品棚卸高	3,600	3,000	2,600	2,400	3,200		
売上総利益	37,590	41,180	58,780	52,060	47,510		
売上総利益率	29.7%	31.2%	37.4%	32.0%	26.8%		
販売管理費	37,000	38,000	50,000	59,000	53,000		
営業利益	590	3,180	8,780	▲6,940	▲5,490	手が回っていない（体制）、天候の影響もあり。	
営業利益率	0.5%	2.4%	5.6%	−4.3%	−3.1%		
営業外収益	3,901	2,803	13,302	4,003	36,650		
受取利息、受取配当金	1	3	2	3	0		
受取家賃					50		
雑収入	3,900	2,800	3,300	4,000	6,600	農の雇用、奨励金	
補助金			10,000	0	30,000	機械一式(50%)、ハウス増設	
受取共済金							
奨励金							
営業外費用	1,200	1,300	1,000	1,600	1,300		
経常利益	3,291	4,683	21,082	▲4,537	29,860		
経常利益率	2.6%	3.6%	13.4%	−2.8%	16.9%		
特別利益	1,610	0	0	2,000	0		
補助金収入	1,500	0	0	2,000	0	ウォーターカーテン(33%)、予冷庫	
前期修正益	110	0	0	0	0		
貸倒引当金戻入額							
特別損失	1,500	0	10,000	2,000	30,000		
固定資産圧縮損	1,500	0	10,000	2,000	30,000	購入金額から補助金を引く	
貸倒損失							
貸倒引当金繰入損							
税引前当期純利益	3,401	4,683	11,082	▲4,537	▲140		
法人税等	72	72	0	72	72		
当期純利益	3,329	4,611	11,082	▲4,609	▲212		

書の経年推移分析」と言って、決算書の中で、「損益計算書」「製造原価報告書」「販管費明細」「貸借対照表」のデータを拾い、これらの推移を作ります。

また、「キャッシュフロー計算書」を作成しますが、これは、「損益計算書」「製造原価報告書」「販管費明細」「貸借対照表」のデータから計算できます。キャッシュフロー計算書は、実際のお金の増減を見るための帳票です。

決算書推移分析で、自分のところの経営がどういう経過を経てきたのかが見えるようになります。

次に、「**損益分岐点売上高の分析**」を行ないます。まず、経費を変動費と固定費に分けます。

要するに、売上が増えればそれと連動して増える経費を「変動費」、特に変わらない経費を「固定費」として、損益分岐点売上高を出します。

選果・選別の外注加工費や種苗費、肥料費、農薬費、燃料費などが典型的な変動費です。そして、役員報酬や事務所家賃などが典型的な固定費です。

● 損益分岐点売上高の分析 ●

（単位：千円）

科目	金額・率	概要
売上高	24,000	○年度売上高＋戸別所得補償＋水田活用交付金
変動費	9,760	売上に連動して変動する費用
商品仕入高	1,200	
加工料	0	
材料費	3,800	製造原価
外注加工費	860	製造原価
製造経費 　●消耗品費	700	製造原価
その他経費 　●荷造運賃手数料　●消耗品費	3,200	販管費
限界利益	14,240	売上高－変動費
限界利益率	59.3%	限界利益／売上高
固定費	25,620	売上に連動せずに固定的にかかる費用
労務費	720	製造原価
製造経費 　●動力光熱費　●賃借料 　●修繕費　●地代・賃借料 　●農業共済掛金　●減価償却費 　●車輌費　●農場雑費	7,300	製造原価
役員報酬	4,800	販管費
人件費	7,200	販管費
その他経費 　●広告宣伝費 　●接待交際費　●会議費 　●旅費交通費　●諸会費 　●通信費　●保険料 　●事務用品費　●租税公課 　●修繕費　●雑費	5,600	販管費
損益分岐点売上高	43,180	

現状の固定費をまかなうには
これだけの売上が必要
（粗利益率が同じなら）

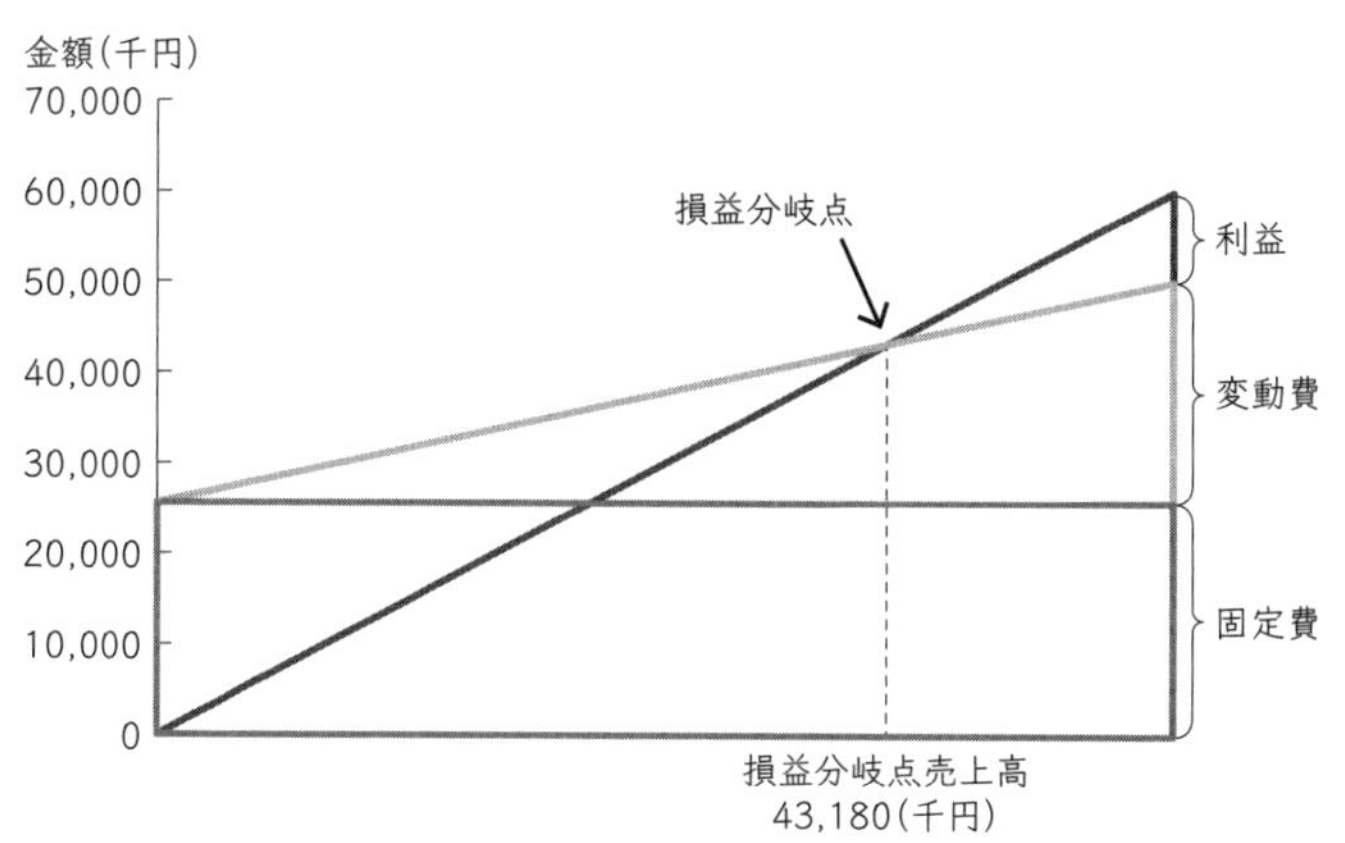

売上に対する変動費の割合と、現状発生している固定費がわかれば、どれくらいの売上をあげれば、固定費を賄える＝利益が出るのかがわかります。

この「損益分岐点売上高分析」をすることによって、

①売上をガンガンあげるのか？
②固定費を下げるのか？
③売上に対する変動費の割合を押さえる＝粗利益率をアップさせるのか？

という3つの方向のどれを選択すべきかが見えてきます。

そして、結構ややこしいのですが、複数品目ある場合は「**品目別収益分析**」を行ないます。

ただし、これは分析できないことがほとんどです。部門別会計といった言葉を使ったりしますが、きちんと品目ごとの採算性を見ようとすると、品目ごとの面積や売上高はもちろんのこと、かかっている製造原価や販売管理費も品目ごとに振り分けて計算しなければなりません。

品目別収益分析

（単位：千円）

作目		野菜			合計	備考
		施設野菜①	施設野菜②	露地野菜		
耕作面積	ha	3.6	1.4	4.0	9.0	
	比率	40.0%	15.5%	44.5%	100.0%	
延べ作業時間	時間	10,000	4,900	7,000	21,900	社員のみ
	比率	45.7%	22.4%	32.0%	100.0%	
科目						
農産物売上高	金額	67,000	68,000	38,000	173,000	
	比率	38.7%	39.3%	22.0%	100.0%	
価格補填交付金 作付助成交付金 雑収入		740		1,300	2,040	露地での転作
収入合計	金額	67,740	68,000	39,300	175,040	
	比率	38.7%	38.8%	22.5%	100.0%	
仕入高		0	250	50	300	
材料費	期首棚卸高					
	種苗費	800	430	400	1,630	
	肥料費	1,100	2,000	2,100	5,200	
	農薬費	1,800	800	2,600	5,200	
	諸材料費	2,800	2,600	2,300	7,700	
	加工燃料費	0	0	0	0	
	△期末棚卸高					
材料費計	金額	6,500	5,830	7,400	19,730	
	比率	32.9%	29.5%	37.5%	100.0%	
労務費	給料手当	8,500	6,600	5,900	21,000	
	賃金	12,000	17,000	8,600	37,600	
	法定福利費	1,500	1,100	1,000	3,600	
	福利厚生費	50	0	10	60	
労務費計	金額	22,050	24,700	15,510	62,260	
	比率	35.4%	39.7%	24.9%	100.0%	
外注加工費	作業委託費	40	1,900	5,300	7,240	
外注加工費計	金額	40	1,900	5,300	7,240	
	比率	0.6%	26.2%	73.2%	100.0%	
製造経費	動力光熱費	2,000	2,600	1,800	6,400	
	水道光熱費	100	280	100	480	
	荷造手数料	30	30	0	60	
	荷造運賃	2,600	5,200	1,500	9,300	
	農具費	200	380	180	760	
	修繕費	1,300	1,000	900	3,200	
	作業用衣料費	60	40	60	160	
	賃借料	10	0	0	10	
	地代家賃	10	0	900	910	
	保険料	480	80	380	940	
	租税公課	30	10	40	80	
	通信費	50	60	90	200	
	消耗品費	100	130	110	340	
	車両費	200	0	270	470	
	雑費	10	30	110	150	
	備品費	0	20	20	40	
製造経費計	金額	7,180	9,860	6,460	23,500	
	比率	30.6%	42.0%	27.5%	100.0%	
当期総製造経費		35,770	42,290	34,670	112,730	
期首仕掛品棚卸高		0	0	0	0	
△期末仕掛品棚卸高		0	0	0	0	
当期製品製造原価		36,000	42,000	35,000	113,000	
同率（%）		53.1%	61.8%	89.1%	100.0%	
当期総収入対総利益		31,740	26,000	4,300	62,040	
同率（%）		46.9%	38.2%	10.9%	100.0%	
耕作面積（1反）当たり収入合計		882	1,860	108	690	
延べ作業時間（1h）当たり収入合計		3,174	5,306	614	2,833	単位：円
材料費／収入合計		9.6%	8.6%	18.8%	11.3%	
労務費／収入合計		32.6%	36.3%	39.5%	35.6%	
製造費／収入合計		10.6%	14.5%	16.4%	13.4%	
科目						
販管費	給料手当	740	660	1,000	2,400	
	通信費	60	10	20	90	
	荷造運賃	1,000	2,100	4,100	7,200	
	旅費交通費			10		
	接待交際費	20	10	50	80	
	事務用消耗品費	10	110	10	130	
	備品消耗品費	10	80	70	160	
	研修会費	30		60	90	
	地代家賃			70		
	車両費			120		
	修繕費	30	10		40	
	保険料	10		30	40	
	租税公課	30		10	40	
	諸会費	10	10	50	70	
	支払手数料	270	4,600	610	5,480	
	研究開発費			10		
	施設利用料		250		250	
	減価償却費	2,500	4,900	4,400	11,800	
	雑費	10	10		20	
	委託販売手数料	340	230	360	930	
販管費計	金額	5,070	12,980	10,980	29,030	
	比率	17.5%	44.7%	37.8%	100.0%	
当期総収入対営業利益		26,670	13,020	▲6,680	33,010	
同率（%）		39.4%	19.1%	−17.0%	18.9%	
耕作面積（1反）当たり収入合計		741	932	▲167	367	
延べ作業時間（1h）当たり収入合計		2,667	2,657	▲954	1,507	単位：円

露地野菜は収益が出ていない

正直に言うと、5000万円の売上突破を目指すようなタイミングでは、これは必要ありません。細かく分析することよりも、もっと営業に力を入れるとか、生産現場の管理をがんばるとか、先にやるべきことがたくさんあります。

実際のところは、1億円を目指す中期経営計画を作る場合でも、品目別の収益分析ができているケースは稀です。ですから、できなくても問題はないのですが、1億円を超える頃には品目別で収益を見られるようにしたいところなので、どうやって日々の日報等を通じてのデータ蓄積を行なうかを考える必要があります。そうすることで、次に3億円を目指す時に、何を伸ばして何を縮小するかの判断材料を持てるようになります。

いかがでしょうか? 丸1日かければできるステップだと思いますが、慣れていなければ、コンサルタントや知り合いのできそうな人にやってもらいましょう。

過去の決算書の推移、損益分岐点売上高分析、品目別収益分析でわかることがたくさんあります。何か異常値があった年はないか? その要因は何なのか? 大まかに数字を見て、気になるところを細かく見ていって経営上の問題はどこにあるのか、気づいたことをまとめます。ここまでが第一ステップです。

≫ステップ2　現在の事業（栽培品目）の事業性を評価する

さて、第2ステップは、取引先や競合を意識しての「市場」への目配りです。
まず、**「販売先別売上計画」を作成**します。販売先別に過去の売上推移を一覧にし、直近の売上を上位から並べます。

売上の規模や販売のスタイルによってまちまちだとは思いますが、多いところでは50社近く、少ないところでは10社程度でしょう。過去の推移を見ると、伸びている会社もあれば、取引が消滅してしまった会社も一定数あると思います。

過去のデータの整理ができたら、今度は各取引先の今後の伸び率を想定します。未来の話です。ここは120%くらい伸びるかな……とか、ここは縮小で80%かな……など、感覚的に想定します。

各取引先の1年後、2年後、3年後の伸び率を予想することができたら、3～5年先の売上計画ができます。目標とする売上を満たしていれば、自ら営業なんてすることなく、引き合いだけに対応しておけばいいのです。生産現場や人材の育成に集中しましょう。仮に予定している売上に届かなければ、新規顧客の数と見込みの取引金額を考えます。

次に、**事業の概要を「ビジネスモデル図」として整理**します。これは、経営者の頭の中には描けているはずですから、どちらかと言えば外部やスタッフ向けの資料です。基本形は、上、あるいは左側に生産現場の概要として、ハウスの棟数や露地の面積と、何をどれだけ作っているのかを書きます。あとは関係先を記載していきます。肥料や農薬を仕入れるのはどこ、運送会社はどこを使って……など。農産物の仕入れをしているのであれば、それも記載します。

真ん中に会社の特色や理念や社員数、パートの数、技能実習生の数などを入れていきます。選果選別・保管・加工などの機能もあれば、入れておくとわかりやすいでしょう。下、あるいは右側は販売先です。前述の販売先別売上分析のデータを活用して、「量販店」「飲食店」「通販」「一般消費者」など、大まかなカテゴリーごとに記載すると、わかりやすいでしょう。

● ビジネスモデル図 ●

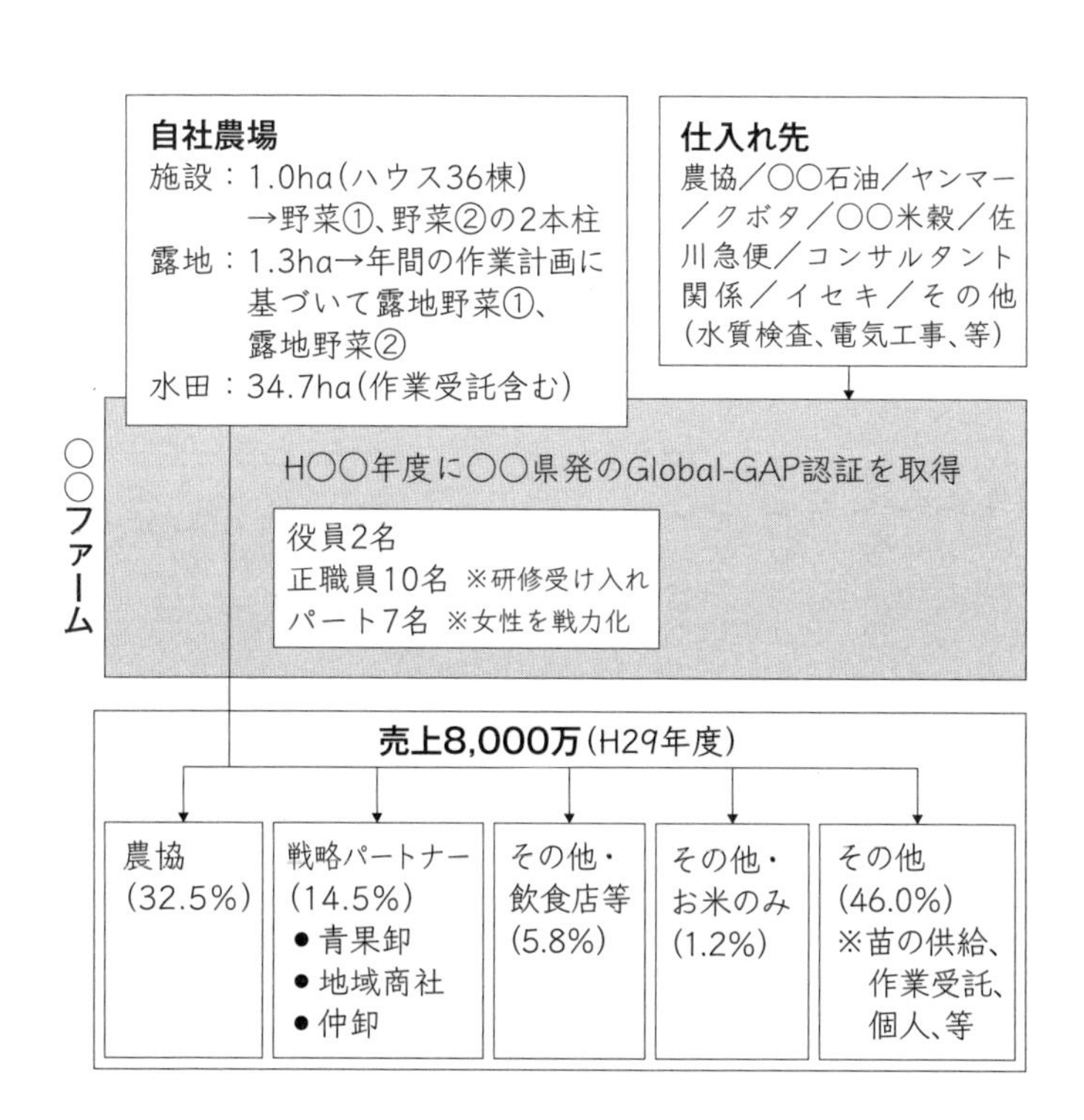
自社農場
施設：1.0ha(ハウス36棟)
→野菜①、野菜②の2本柱
露地：1.3ha→年間の作業計画に
基づいて露地野菜①、
露地野菜②
水田：34.7ha(作業受託含む)
仕入れ先
農協／○○石油／ヤンマー／クボタ／○○米穀／佐川急便／コンサルタント関係／イセキ／その他(水質検査、電気工事、等)
○○ファーム
H○○年度に○○県発のGlobal-GAP認証を取得
役員2名
正職員10名 ※研修受け入れ
パート7名 ※女性を戦力化
売上8,000万(H29年度)
農協
(32.5%)
戦略パートナー
(14.5%)
● 青果卸
● 地域商社
● 仲卸
その他・
飲食店等
(5.8%)
その他・
お米のみ
(1.2%)
その他
(46.0%)
※苗の供給、
作業受託、
個人、等

これで完成ですが、ビジネスモデル図の資料が1枚あるだけで、関係者に農業経営の全体像を理解してもらいやすくなります。

次いで、**「経営（オペレーション、栽培技術）の強み・弱み分析」と「商品を取り巻く外部環境分析」**を行ないます。

経営の強みと弱みは、オペレーション能力と技術力の2つの観点から見ます。オペレーション能力はさらに、「販売・営業」「生産」「研究開発」「人事・組織」「経営管理」の観点から、自社の農業経営の強みや弱みを洗い出していきます。のちのち戦略の方向性を決めるために大事な作業です。そして、栽培技術もさらに「品質（売れ行き、得意先からの評判、現地視察）」「生産性（業界平均、競合他社との比較）」の観点から、自社がどうなのか評価します。ここまでが自社内部の分析です。

次に、栽培している品目や商品を取り巻く外部環境分析です。いくら、オペレーションや栽培技術が高くても、栽培している品目自体がタイミング的に儲かりにくい時期に突入しているとピンチです。「市場（品目や商品を取り巻く市場環境全般）」「顧

経営の強み・弱み分析と外部環境分析

1．オペレーション

項目	強み	弱み
販売・営業	●契約販売で安定供給 ●地元の農協との歩み寄り（販売や仕入れ） ●アジアGAP認証農場	＊＊＊
生産	＊＊＊	●冬場の生産量の底上げ ●周囲を見ると改善の余地があるが現場の自発性が不足
研究開発	●露地の冬場の収量確保 ●ハウスも内貼り＋被覆で生育促進 ●ウォーターカーテン（保温） ※マイナス15℃でもハウス内は1～2℃、出荷が1ヶ月早くなる時もある	＊＊＊
人事・組織	●パートさんは足りている	●家族経営のメリットを出し切れてない ●人事制度、教育・研修なく、行き当たりばったり感がある ●社員が足りない ●人員計画がない
経営管理	＊＊＊	●新規事業のためのノウハウが不足 ●GAPやりだしてから忙しい

2．栽培技術

項目		内容
品質	売れ行き	＊＊＊
	得意先からの評判	●県内での生鮮野菜の評価、知名度も高いので優位に販売できる ※県内で直販している農家が少ない
生産性	業界平均	●施設野菜①：坪2万の売上（８回転、暖房あり） ※10年で上記数値を切ったのは１回だけ ●施設野菜②：坪1.5万の売上 ●露地野菜：反収180万がマックス、昨年は台風で100万円
	競合他社との比較	＊＊＊

● 商品を取り巻く外部環境分析 ●

	現状・動向	当社への影響	
		機会	脅威
市場	外食産業が増加、周年供給が要望されている	●周年出荷の体制整備	
	低価格な輸入農産物の増加で生産コスト低減が急務	●機械化、作業体系と人員配置の最適化で安定経営化を図る	●競合他社が当社販売価格を下回る可能性
	異常気象、自然災害等が多発	●周辺の他産地や九州との連携	
	物流費の高騰	●自社便、チャーター便、問屋等の活用で多様な配送網を構築	
顧客	これまでは東北以北で○○、関西以南で○○が栽培	●東北でも○○を食べる文化に変化	
	用いられ方はさまざま ●鍋料理や薬味など ●中華料理に用いられる○○オイル、○○ペースト	●利便性の高いカット○○	
	国産野菜への回帰が進んでいる	●消費者の国産志向にこたえる	
競合	東北では農家直送のカット○○業者は少ない	●いち早く参入することで先行者利益の獲得	●関西や九州との食文化の違い
	現在栽培されている品種群 ●＊＊＊ ●＊＊＊	＊＊＊	＊＊＊
	他産地のブランド ●＊＊＊ ●＊＊＊	＊＊＊	＊＊＊

客」「競合」のそれぞれの観点から「機会（チャンス）」と「脅威（ピンチ）」を洗い出します。品目ごとの栽培ガイドといった書籍に、その品目を取り巻く状況が記載されていることが多いので、それらを参考に情報をつけ足していきます。これも、今後の戦略の方向性を決めるための大事なデータですので、きちんと情報を集めます。

販売先別売上計画、ビジネスモデル図、経営の強み・弱み分析、外部環境分析の結果をふまえ、今後既存の栽培品目や商品で成長カーブを描けるか、それとも新規の取り組みを検討する必要があるのか、を考えます。

ここまでが第2ステップです。これも丸1日やればできる……と言いたいところですが、データの整理などが入りますので、場合によっては3日くらいかかるかもしれません。ここまでできれば、あとひと息です。

≫ステップ3　今後の戦略を描き、数字に落とし込む

第3のステップは、いよいよ未来に向けた設計図づくりの段階です。具体的なアク

ション項目と、それを数字に落とし込んだ場合にどうなっていくのかをシミュレーションします。

まず、「**クロスSWOT分析**」で戦略の方向性をまとめます。なんとも、たいそうな名前ですが、当面の戦略の方向性を考えるには結構使えます。

「強みを活かし、機会をつかむ」ために何をするのかを決めます。そして、「強みを活かし、脅威を克服する」ために何をするのかを決めます。これら2つは、とにかく強みをどう活かすかという話ですね。

次に、「機会を逃がさぬよう、弱みに対処する」ために何をするか決めます。そして、「弱みと脅威のリスクに対処」するために何をするのかを決めます。

これらの2つは、先ほどとは逆で、弱みを認識した上で、どう対処していくのかという話です。これで、少なくとも3つくらい、多くても10くらい（左の図では5つ）に絞り込んで、今後の戦略の方向性を決定していきます。

いよいよ、大詰めです。**3~5年の数値計画**を作っていきます。

まず、「人員計画」を作成します。売上計画や戦略の方向性をふまえ、技能実習生

クロスSWOT分析

	機会 ●インバウンド需要↑ ●PR次第でもっと伸びる可能性 ●消費の多様化(特大サイズ、カラフル等) ●6次産業化(パウダー、加工) ●作型、品種、管理で単収に差 ●11月～2月の供給がカギ	脅威 ●県の品種育成能力に依存 ●輸入品に押され、特定規格の単価減 ●改植時の連作障害対策、老朽園 ●品種切替が困難 ●輸入品との品質差が少ない
強み ●販路に応じた中間業者の活用 ●19年培った栽培技術 ●女性スタッフによる調製作業、女子力高い ●品質の割に単価が安いと評判	強みを活かし、 機会をつかむ ◎年間の販促計画とツールづくり＋ブランディングによる「単価アップ」	強みを活かし、 脅威を克服
弱み ●農協の単価が安い時がある ●通年供給ができない ※新しい栽培方法は不採算 ●3～4年で独立してしまう ●5～6月に作業が集中 ●開発した加工品の売り先 ●日々の出荷調整把握 ●システムへのデータ入力と活用	機会を逃さぬよう、 弱みに対処 ◎相場に連動した出荷の割合を減らす ※安値の回避 ◎外国の農園と連携して通年供給 ◎数値化経営（農業クラウド）導入による生産性向上や作物別収益管理	弱みと脅威の リスクに対処 ◎鮮度で勝負ができるエリアをまずは徹底的に営業する ※○○都市圏＋翌日着のエリア

を増やしていくのか？　農場長クラスの日本人社員を雇用するのか？　後継者が戻って来るのか？　といった要素を加味し、人員計画を策定します。役員数、社員数、パート数、技能実習生数、外注加工人数など、数値計画を立てる際の科目を意識して、それぞれの人員計画を立てます。

あとは最初に作成した「決算書の経年推移分析」の資料をベースに、3～5年後の数字を作成していきます。売上計画はすでに決まっています。製造原価や販管費は売上に対する割合で計上するか、実際にかかりそうな費用で計上します。人件費関係は人員計画に基づいて計上していきます。

これで中期の数値計画のでき上がりですが、思った通りの利益が出ているでしょうか？

よくあるのが、思った通りの売上を目指して、イメージ通りに人員を増やして、役員報酬もちょっと上げてみたりして……とすると、利益がまったく残らないというパターンです。特に、5000万円や1億円の売上突破を目指すための中期経営計画を策定する時に見られるケースです。

人を採用して戦力化する仕組みが整っていないと、会社が成長しているのではなく、

● 3～5年の数値計画 ●

向こう3年間の計画（1億円達成）

（単位：千円）

科目	2013年度	2014年度	2015年度	2016年度	2017年度	2018年度	2019年度	2020年度	備考	推移について
売上高	46,300	49,700	56,600	62,500	73,800	85,000	94,000	104,000		
売上高増加率		107.3%	113.9%	110.4%	118.1%	115.2%	110.6%	110.6%		平均112%で伸長
野菜類売上高	11,000	14,000	20,000	18,000	23,000	30,000	36,000	42,000	外国人技能実習生の有効活用で伸ばす	
売上高増加率		127.3%	142.9%	90.0%	127.8%	130.4%	120.0%	116.7%		平均122%で伸長
米類売上高	20,000	20,000	21,000	27,000	33,000	35,000	38,000	42,000	離農で伸ばさざるをえないが、米単価は不透明	
売上高増加率		100.0%	105.0%	128.6%	122.2%	106.1%	108.6%	110.5%	設備投資考慮して、20ha拡大	平均112%で伸長
作業受託	7,900	9,600	9,300	9,700	10,000	10,000	10,000	10,000		
売上高増加率		121.5%	96.9%	104.3%	103.1%	100.0%	100.0%	100.0%		平均104%で伸長
その他	7,400	6,100	6,300	7,800	7,800	10,000	10,000	10,000		
売上高増加率		82.4%	103.3%	123.8%	100.0%	128.2%	100.0%	100.0%		平均105%で伸長
売上原価	40,000	50,000	51,200	62,700	70,890	80,600	85,600	91,600		
商品仕入高	5,000	10,000	5,800	8,400	8,600	8,600	8,600	8,600		
期首製品棚卸高	0	0	0	1,600	1,300	1,000	1,000	1,000		
当期製品製造原価	35,000	40,000	47,000	54,000	62,000	72,000	77,000	83,000		
△期末製品棚卸高	0	0	1,600	1,300	1,010	1,000	1,000	1,000		
売上総利益	6,300	▲300	5,400	▲200	2,910	4,400	8,400	12,400		
売上総利益率	13.6%	−0.6%	9.5%	−0.3%	3.9%	5.2%	8.9%	11.9%		
販売管理費	7,100	7,300	10,000	9,300	11,000	11,000	11,000	12,000		
営業利益	▲800	▲7,600	▲4,600	▲9,500	▲8,090	▲6,600	▲2,600	400	県内はトントンか、マイナス	
営業利益率	−1.7%	−15.3%	−8.1%	−15.2%	−11.0%	−7.8%	−2.8%	0.4%		
営業外収益	14,740	2,540	4,800	13,050	4,730					
受取共済金	2,300	200	720	170	720				ビニール破損、病害、等	
奨励金	10,000		1,700	5,300	3,400				整備助成等	
補助金				6,600					水田活用交付金	
雑収入	2,400	2,300	2,400	930	530				地域集積、米粉販売、等	
受取利息、受取配当金	40	40	10	50	80					
営業外費用	630	500	510	745	600					
経常利益	13,310	▲5,560	▲310	2,800	▲3,960					
経常利益率	28.7%	−11.2%	−0.5%	4.5%	−5.4%					
特別利益	0	3,910	11,020	20	6,800					
補助金収入		3,900	5,000		6,800				水田活用交付金	
前期修正益			6,000						記載漏れ	
貸倒引当金戻入額		10	20	20						
特別損失	9,230	0	20	0	0					
固定資産圧縮損	7,200									
貸倒損失	2,000									
貸倒引当金繰入損	30		20							
税引前当期純利益	4,080	▲1,650	10,690	2,820	2,840					
法人税等		150	920	910	800					
当期純利益	4,080	▲1,800	9,770	1,910	2,040					

営業利益ベースでプラスを目標にする（補助金・助成金に依存しない）

膨張しているだけになります。当然、儲かりません。利益（特に補助金とか助成金を考慮する前の営業利益ベース）が出てないようであれば、売上計画や経費計画を見直してみましょう。計画段階で利益が出ないのに、実際にやって利益が出ることは、まずないでしょう。

さあ、いかがでしょうか？

中期経営計画の全体像だけでもつかんでもらえたらと思い、本章を執筆しましたが、難しかったでしょうか？

本章の内容をきっかけに、ぜひ各地で開催されているセミナーやワークショップに参加したり、中期経営計画策定に特化した書籍もたくさんあるので、そちらを参照しながら、自社の中期経営計画を策定してみてください。

5章

職種と採用する順番

藤野　「パイセン、職種ってあるじゃないですか。農業の場合、生産とか、営業とか、経理とか。そもそもどういった職種を、どういう順番で雇うのがいいんですかね？」

Hパイセン　「まずは、選別とか、出荷作業のところやろうね。ほら、ボウエキの理論と一緒よ」

藤野　「……防疫？　貿易？　あいかわらず話が飛びますね。思考の歩幅というものがあるんですから、急に飛ばないでくださいよ」

Hパイセン　「ああ、そやね。基本的に農場長クラス、畑を任せられる人を雇いたいんだけど、そういう人を雇うまでのプロセスがあるよね」

藤野　「いきなり農場長クラスは雇えないですもんね」

Hパイセン　「そうそう。まずは、自分が畑に集中できる環境を作ることが大事だからね。そのためには、選別とか袋詰めとか、出荷作業を誰かにやってもらわないといかん」

藤野　「そうですね、畑に行く時間を増やす、つまり生産現場の強化が農家の生命線ですもんね。で、何がボウエキの理論なんですか？」

Hパイセン「ほら、昔習ったでしょ。こっちの国でガバっとワインを作って、こっちの国でガバっと葡萄を作って、その国同士で貿易するでしょ。そうやってワイン、葡萄それぞれを作ることに集中したら、ドーンとお互い伸びていく。それと同じことよ」

藤野「なるほど（笑）。適当だけど、わかりやすいっすよね、パイセンの説明」

まずは生産に集中するための体制づくり《

2章でも書きましたが、「生産現場」は大事です。

1人で、あるいは家族経営で目いっぱいやっている場合は、生産のみならず、選果選別・箱詰め・出荷から伝票書き、そして営業活動などすべてをやっている状態でしょう。売上で言うと3000万円くらいが頭打ちになってきます。

そんな時にまずやりたいのは、**より生産現場に集中できる体制づくり**です。

≫1 選果選別・箱詰め・出荷の工程を担う人の採用

そのためには、第一に選果選別・箱詰め・出荷の工程を人に任せます。人員計画を作成する時も、まずはここを一番に考えます。そして生産現場に集中し、さらなる収量アップや面積拡大に注力します。

2 生産現場の作業員を確保

次いで、生産現場の作業員を確保します。求めるのは作業員のレベルです。いきなり農場長候補ではありません。生産現場の業務の中にも、生産管理に近い高度な「仕事」もあれば、草抜きや収穫など、どちらかというと単純な「作業」もあります。業務を仕分けして、単純な作業を任せていきましょう。これができる人を採用し、経営者は生産現場のコアの業務に集中していきます。

3 営業事務や経理周りを任せる

今度は、伝票作成や経理周りでしょう。奥さんがやったり、お母様がやったりというパターンもあるでしょうし、選果選別・箱詰め・出荷の工程で手の空いた人が担っていくこともあるでしょう。最初は大した手間でなくても、売上が増えてくるとだんだん手が回らなくなってきますので、次のステージ（ここでは、５０００万円を突破して法人化するくらいの規模感）に行くために、採用するか、内部の人間を異動させたり役割を増やしたりして任せていきましょう。

1億円突破のタイミングでは、外国人技能実習生 ⋘

これまで述べた3つの役割を任せるのは、近隣のパート、シルバー人材、年配の男性（準社員）といったイメージでしょうか。家族経営プラス、こういった人材の補強で、５０００万円は突破していけるでしょう。

そこから1億円を目指すのであれば、外国人技能実習生の採用がおススメです。同じ、選果選別・箱詰め・出荷や生産現場の作業を任せるにしても、馬力が違います。若くて体力があるので、貴重な戦力になります。

日本人だとどうしても、子供の行事や町内のイベント、慶弔休暇などで休みが発生しがちですが、外国人技能実習生だとそれがありません。

貴重な戦力とは書きましたが、制度上は「技能実習」や「研修」のための在留資格で、日本に来た外国人が報酬を伴う技能実習、あるいは研修を行なう制度です。単純な労働力とみなすのは間違いです。

また、劣悪な労働環境に置くなどはもってのほかです。以前は残業時間分を不当に安く働かせるようなこともあったようですが、基本的には安い労働力ではありません。最低賃金以上の給与や、送り出し機関（国外）・受け入れ機関（日本国内）に対する管理費用、住居の整備などを考えると、月に15万～20万円程度はかかるでしょう。

それでも、前述の通り、若くて休まなくて体力があるという存在は、農家が売上1億円を突破する原動力になります。

もっと言えば、**組織づくりの面で1億円を突破するポイントは何かと言われれば、「外国人技能実習生」の育成だけ**、と言っても過言ではありません。

外国人技能実習生を自身の農場で活用する最大のポイントは、**今いる実習生を大切**

に扱うということです。そうすると、彼ら・彼女らの口コミで親戚や優秀な実習生があなたの農場に集まるようになります。

それと、監理組合（日本側の受け入れ機関）の選定ももちろん重要ですので、信用できる人から紹介してもらうといいでしょう。

いよいよ日本人正社員で、「農場長」候補の採用 <<<

生産現場において面積も拡大し、収量も高く、選果選別・箱詰め・出荷もきちんとオペレーションが回り、営業事務や経理業務の体制も整い、外国人技能実習生の活用にも慣れてきたら、いよいよ農場長候補の採用を考えます。

経営者が現場に出なくてよいというわけではありませんが、新たな成長カーブの創出、6次産業化に向けたプランニング、儲かっている農家や規模拡大している農家の視察、営業活動など、次の展開を考えるためには、農場を任せられる人材が必要です。

もちろん、ここまでの話が、親子でやっていたり、夫婦でやっていたり、兄弟がいたりという前提なので、完全に1人で農業経営をしている場合は、もう少し早い段階で日本人の正社員を雇っているでしょう。ただ、私の感覚的には、**皆さん雇うのが早すぎる**気がします。本来は、これくらい体制を整えたり、生産現場の競争力をつけたりしてから日本人の正社員を雇用しないと、結局はうまく定着しないのではないでしょうか。

職種や採用する順番を計画的に実施できれば、余計なコストをかけずに最短ルートで成長することができます。中期経営計画の中で、人員計画を策定する際は本章の内容に留意してください。

6章

10倍効果が出るので、教科書通り、他産業並みにやる

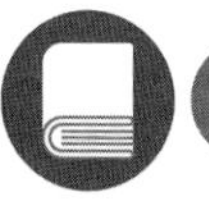

藤野　「農家が組織づくりするポイントの3つ目って、そういえば何だったんですか?」

Hパイセン　「それよりさあ。社長、新しい理論生み出しちゃったよ」

藤野　「いやいや、僕の話、聞いてくださいよ。まあいいや」

Hパイセン　「名づけて……『農家10倍理論』」

藤野　「ほう、何すか、それ」

Hパイセン　「要するにさあ、一般的には、組織づくりをしようと思ったら、マーケティングの勉強して、商品の差別化とか、販売とかをすごく勉強するわけでしょ。当たり前じゃん、そんなこと」

藤野　「そうですね」

Hパイセン　「あと、マネジメントでしょ。理念だとか、評価とか、育成とか、採用とか」

藤野　「まあ、それくらい知っとかないとですね」

Hパイセン　「そうなのよ、他の業界じゃたいして差別化にならないのよ。でもさあ、農家ってそういうところ、弱いじゃん。だからさあ、ちゃんとやれば10倍効果が出るわけよ」

藤野　「まあ、たしかに。農家が何かやると、すぐ噂になったり、目立ちますよね」

Hパイセン　「『人が来ない、来ない』っていうけどさ、どれくらいの人にアプローチして、その中から何人採用しようとして、どういう採用フローにするかって、一度も考えたことない人がほとんどじゃない？」

藤野　「そうかもですね。他産業はみんなできてるっていうわけでもないんでしょうけど、農業の場合、やはり遅れている感はありますね。でも、その分やれば効果が出やすいのはたしかかも」

Hパイセン　「そういうこと」

藤野　「じゃあ、10倍効果が出るので、教科書通りにやる、他産業並みにやる、というのが農家の組織づくりの3つ目のポイントということでOKですか？」

Hパイセン　「しょうゆうこと」

農業には優秀な人材が入ってこなかった⁉

農家が組織づくりする3つのポイントについて、これまで触れてきました。何に力を入れていけばいいのかを理解するために、栽培する品目（商品）の「儲かるポイントを理解する」のがひとつ目、2つ目が組織づくりに踏み出すための「覚悟を決める」でした。

3つ目のポイントは、「他産業並みにやる」ということです。農業分野の特殊性を嘆く必要はありません。他産業がやっている当たり前のことを、農業にも取り入れていけばいいのです。

なぜ、他産業が当たり前にやっていることを農業に取り入れていけば、組織づくりがうまく進んでいくのか？

答えは単純です。農業分野にはなかなか優秀な人材が入ってこなかったので、他産業での当たり前が農業の当り前ではなかったのです。つまり遅れているので、**普通にやるだけで、農業界では十分に差別化になりますよ**ということです。

農業分野の特殊性というものは、たしかに存在します。たとえば、

- **生鮮品なので、在庫できない（腰を据えて販売できない、仕入れ交渉で足元を見られる）**
- **日々の出荷やスタッフの作業組みが、天候に左右される**
- **補助金、助成金の類が多く、市場原理がまともに働いていない**
- **農繁期と農閑期があり、労働の平準化が難しい**
- **規模の経済が働かない、農地を拡大すれば逆にリスクが高まり非効率**

といったものです。しかし、こういった業種特有の弱みは、多かれ少なかれ、他産業でも存在するはずです。やはり特殊性として大きいのは、「農業分野には優秀な人が入ってこなかった」ということでしょう。

ある大臣がこんなことを言っていました。

戦後日本は、2次産業や3次産業に優秀な人材を投下していきました。そこに持てる資源を注力して、経済成長で大成功を遂げました。その間、1次産業は「ちょっと力を入れるのは待っておいてください、お金はばらまくので」としてきました。つまり「票田は作ったけど、水田は作ってこなかった」という状態です。当然、優秀な人材も1次産業の分野には入ってきません。

ところが、アジア諸国の台頭などにより、モノづくりの国ニッポンは、いつしか「アニメやオタク文化の国でしょ」という評価になりました。2次産業、3次産業を伸ばしていくという国としてのビジネスモデルが曲がり角に来ています。

つまり、農業界というのはたしかに特殊な業界です。それは、「優秀な人が入ってこなかった」という意味で、です。だから、他産業がやっていることをきちんとやれば、差別化になるのです。

そして、成長のポテンシャルがあるので、今後は優秀な人材が農業分野に流入していきます。そういった意味で特殊な業界です。これからの農業は、「大変だ、難しい」という意味での特殊な業界ではなく、「チャンスにあふれている」という意味で特殊な業界です。

設計すべきマネジメントの5つのテーマ ⋘

では、他産業並みにやる、教科書通りにやるといっても、どこまでやればいいのか、難しいところですよね。

そこで、少なくとも売上3億円を目指すのであれば、きちんと設計しておいたほうがいいであろう、マネジメントに関する項目を5つあげてみます。

① **「管理」に関する設計**　経営数値が見えるような仕組みを整えていく

② **「理念浸透」に関する設計**　理念、ビジョン、そして価値観を浸透させる

③ **「評価」に関する設計**　理想の組織図、理想の人材像を持つ
④ **「教育」に関する設計**　理想と現状のギャップを埋めるために人材を育成する
⑤ **「採用」に関する設計**　理想のイメージと育成の仕組みにマッチする人材を採用する

次章以降は、この5つのテーマに沿って、5000万・1億・3億を目指す段階別に、どれくらいまでやればいいかという基準を整理していきます。

取り組む順番も大事です。

意外に思われるかもしれませんが、**「採用」は最後**です。

採用するために、教育の仕組みを整えておきます。教育の仕組みを整えるために、理想とする人材像や組織図を明確にして、評価の仕組みを整えておきます。そして理想とする人材像や組織図を描くためには、会社の存在意義、存在目的である経営理念や、経営理念の実現を通じて、どういった組織イメージや規模感でありたいのかというビジョン、そして理念やビジョンを達成するために組織のメンバーが持つべき共通の価値観を整理しておきます。

そして、現状を正しく把握するために、経営の数字を見えるようにしておきます。
この考え方に基づいて、次章以降で順に説明していきます。

7章

「管理」に関する設計

——経営の「数値化」

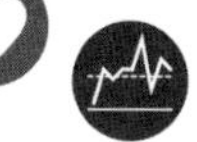

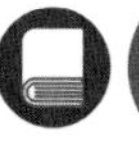

藤野　「Hパイセン、ドローン飛ばしたり、センサーつけたり、スマート農業が話題になっていますけど、どう思います？」

Hパイセン　「うちは生産現場ではあまり使ってないかな。ドローン飛ばしたってしょうがないもん、うちの場合。個人的には遊びで買ったけど」

藤野　「何ができるのなら、スマート農業に興味が湧くんですか？」

Hパイセン　「受発注業務の効率化はしたいよねえ。でもそれはそんなIoTとか、AIっていうほどの話じゃないしなあ……」

藤野　「あと、何かできたらいいなあというのはあるんですか？」

Hパイセン　「まあ、契約栽培で通年出荷してるから、受注計画に基づいた作付け計画とか、精度の高い出荷予測とかができればいいけど、結局は精度の高い気象予測ができないと意味ないもんね」

藤野　「そうすね。働いている人の生産性向上に活用するとかは、どうなんですか？」

Hパイセン　「それは興味あるよ。自動で水やりとか、ハウスの開閉ができれば、作業時間とか見回り時間の短縮になっていいねえ」

藤野 「ある程度の期間はデータの蓄積が必要ですけど、無人化や省力化にはつながっていきますよね」

Hパイセン 「カメラで遠隔モニタリングとかできれば、農場長クラスの1人当たりの管理面積は今より大きくなるやん、そういうのはいいよね」

藤野 「派手じゃなくても、本質を見失わずにやっていければいいですよね」

Hパイセン 「この手の話には、何か補助金使えねえかな……。まあ、なくてもやるけど」

藤野 「でも、仮に補助金が通ったとして、パイセンを担当するお役所の補助金担当者、気の毒な気がするな……」

Hパイセン 「え、何で？」

すぐ見えるようになるデータと、時間をかけて見えるようになるデータ

繰り返しになりますが、農業経営の方程式は、次の通りです。

単収×単価×規模（面積）－（人件費＋減価償却費（設備投資）＋その他経費）＝利益

収量を伸ばしたいのであれば、「圃場別収穫量」をモニタリングする必要があるでしょう。収穫量が多い畑と少ない畑とを比較して、要因を分析し、課題を設定して改善していきます。

単価が気になるのであれば、「出荷予測」の精度を高める必要があります。

果菜類などで、精度の高い出荷予測があれば、先手を打って営業をかけることで、

有利な販売ができます。収穫当日に「採れすぎた！」となってしまうと、市場に安値で流すしかありません。

また、相場の高い時期に出荷のピークを持っていけるか、振り返りながら次年度の作付けを改善していけます。

出荷量の「計画」と「出荷期間中の予測」と「実績」の差異を縮めることで、単価は上がっていきます。

経費をコントロールしたいのであれば、「圃場ごとの作業履歴」や「圃場ごとの投入コスト」のデータが必要になります。生産現場より、選果選別・箱詰め・出荷の工程が肝であるなら、「調製作業にかかるコスト」のデータを見ます。根菜類のように貯蔵性のある作物なら、「ロットごとの貯蔵コスト」を管理します。

注意点としては、収量や出荷量をモニタリングするのは比較的早く実現できるのに対し、**経費の分析には時間がかかる**ことがあげられます。現状の作業の分析であったり、過去データのインプットであったりが必要で、その後、作業工程や人員計画の見直しを行ない、データを蓄積し、管理していくことになります。

第一に「何を見たいか？」を決めることが大事ですが、決めたとしても、時間のかかるものとそうでないものがあることに留意して、場合によっては腰を据えてデータ蓄積に取り組むことになります。

ツールの選定

本章の冒頭に出てきた「スマート農業」とはどのようなものか？　まず、農林水産省のウェブサイトの説明を引用します。

スマート農業とは、ロボット技術や情報通信技術（ＩＣＴ）を活用して、省力化・精密化や高品質生産を実現する等を推進している新たな農業のことです。

日本の農業の現場では、課題の一つとして、担い手の高齢化が急速に進み、労働力不足が深刻となっています。

そこで、スマート農業を活用することにより、農作業における省力・軽労化を更に進められる事が出来るとともに、新規就農者の確保や栽培技術力の継承等が期待される効果となります。

このような思想のもとで推進されているスマート農業ですが、現場レベルでの課題としては、次のようなものがあります。

●要素となる技術が多すぎて、農業経営者が迷子になる

●データがたまっただけで終わり、活用できていない

たとえば、ハウスと露地を組み合わせて、年間を通じて青ネギを低コストで安定的に供給する技術を「目標技術」とします。その「目標技術」に対して、要素となる技術は、

●遠隔栽培モデルを構築し、1人当たりの圃場管理面積を向上させる技術

- ハウス内の環境制御及びモニタリングの技術
- 土壌環境モニタリングによる潅水・施肥の自動化、及び生育特性最大化の技術
- 加工や出荷の現場におけるアシストスーツや自動走行による作業者の負担軽減技術
- ＩｏＴを活用した、工場の稼働状況を見える化する技術
- 注文変更を随時更新して、受発注業務を半自動化させる技術
- ビックデータ解析によるマーケティング活動により、営業活動の効率化を図る技術
- 集積したデータで生産体系や教育体系を整備し、人材教育期間の短縮化を図る技術

……と、たくさんあります。さらに、それぞれの「要素となる技術」に対して、メーカーやサービス提供事業者が複数あります。この中で、農業経営者自身が、実現したいことにフィットした最適なものを選定するのは困難ではないでしょうか？

では、どうやって「ツールの選定」を進めていけばよいのか？　そのポイントを３つお伝えしていきます。

≫ポイント① 農業経営者自身の興味レベル

元エンジニアであれば、人工知能できゅうり仕分け機を試作したり、共同開発したり、ツールの選定をするのは難しくないでしょう。

元コンサルタントであれば、一般的なクラウド会計のサービスを導入して、バックオフィス業務のシステムを整えることができるでしょう。

元ＳＥや、プログラミングを自分で勉強するようなタイプの農業経営者であれば、自分でツールの選定を進めていけばよいでしょう。

でも、農業経営者自身の興味レベルがさほど高くない場合（これは特殊ではなく、むしろ一般的には皆さんこちらに該当すると思いますが）、**農業ＩＴやスマート農業に詳しい人からアドバイスをもらう**ことをお勧めします。

農業版ＳＩみたいな存在ですね。

ちなみに「ＳＩ」とは、「システムインテグレーター」のことで、ＩＴの企画、構築、運用などの業務をシステムのオーナーとなる農業経営者から一括して請け負う企業のことです。アウトソーシングの一環としてはじまった業態で、顧客の業務内容の分析、問題の抽出などのコンサルティングから、システムの企画・立案、プログラムの開発、ハードウェア・ソフトウェアの選定・導入、完成したシステムの保守・管理までを総合的に行ないます。

将来的に公的機関である農業改良普及センター等がこういった領域まで対応するようになるかもしれませんが、農業経営の参謀として身近に置いておくとよいでしょう。ツールの選定の際に力を発揮してくれることと思います。

≫ポイント②　社内のリソースの有無

ツールを導入しても、運用するのは農業経営者ではありません。社内にいる、PCスキルを持った人が担当することになります。

この場合は、元SEや元コンサルといった人ではなく、きちんと「データ入力」できるくらいのレベルの人です。欲を言えば、「データ整理・分析」が可能で、見やすい資料にまで落とし込める人がいいでしょう。さまざまな技術が登場するので、「最新情報の資料請求・問い合わせ」に対応できる人だと、さらにありがたいです。

たとえば、農業に新規参入した企業であれば、いろんなことをデータ化したいという、親会社や母体となる企業のニーズもあるでしょうし、そのための人員も確保できるでしょう。そうでない場合で、もし、データ入力も難しいようであれば、手書きしたものを丸投げしてデータ化してもらうなど、運用サポートの体制を考えたほうがいいでしょう。

もちろんそこにはコストがかかりますが、経営者の時間を使ったり、新たに人を雇ったりするよりはいいでしょう。

≫ポイント③　コスト負担

経営を数値化して、収量や単価、経費削減につなげ、収益アップを実現していくには、3年ほどの時間が必要です。着手した翌月から経営がよくなるという話ではありません。そしてツールもたくさんありますし、すべてを取り入れていたらキリがありません。

では、どれくらいの投資が適正なのか？　一般的にＩＴ予算は「売上高の約１％」と言われ、一般社団法人日本情報システム・ユーザー協会が調査・公開している、「企業ＩＴ動向調査２０１６」によると、ＩＴ予算は売上高の０・75％となっています。

- **５０００万円の農業経営体なら年間50万、月々約４万２０００円**
- **１億円の農業経営体なら年間１００万円、月々約８万３０００円**
- **３億円の農業経営体なら年間３００万円、月々25万円**

いかがでしょうか？

データ自体は、上場企業とそれに準じる企業が対象なので、中小企業のデータだと、ＩＴ予算はもっと下がります。

ただ、「体力があるうちに『攻めのＩＴ投資』を推進し、農業経営体としての競争力を高めておこう」と考える本書の読者の皆さんであれば、最低１％くらいに思ってもらえたらいいかと思います。投資額の50％や3分の2を補助してくれる国や自治体の政策支援もありますので、売上高の１～３％を目安にしましょう。

なお、売上1000万～3000万円前後で、コストをそれほどかけられないという場合でも、エクセルでのデータ管理くらいは自力でやりましょう。

あるいは、月々500円程度ではじめられるクラウド型のサービスで、作業履歴や投入コストのデータ蓄積と簡易な分析ができるツールもあります。いざやりはじめようと思った時にデータがすべて紙ベースだと、ゼロからデータを作るはめになります。あとで後悔しないためにも、できることをやっておきましょう。

振り返りの場を設ける ≪

組織の体制にもよりますが、週次、月次、四半期に1回、半年に1回、蓄積したデータを基に、振り返りを行ないましょう。

振り返りのポイントは次の2点です。

≫ポイント① システムの拡張

見たいデータが変わって、導入したツールではカバーできなくなり、システムの拡張が必要になってくる場合があります。農業経営者や幹部が、どういう風な情報の処理（プログラミング）をしていくのが望ましいのかを考え、社内の人材がコードを書いて（コーディング）システムを拡張していく――ということができれば、ＰＤＣＡを回しながらシステムを拡張していけます。

「コードをかける人間なんていないよ」と思われるかもしれませんが、現在は「ノンコーディングツール」といって、ソースコードを書く作業が不要なツールも多くあります。作業フローをドラッグ＆ドロップで作成していき、実行するとその通りの処理が動くというものです。感覚的に、こういった作業ができる人材が社内にいればいいのですが、いない場合はシステムの拡張も外部に委ねましょう。

なお、エクセルで見たいデータを作り続けるケースが見受けられます。１人で経営する、あるいは家族経営ならそれでいいかもしれませんが、組織を作って５０００万・

1億・3億を目指すのであれば、あまりお勧めできません。

理由は、途中で「データが重たく」なること、そして「作った人しかわからない状態」になるからです。

本来、ツールを導入して運用すること自体は農業経営者の役割でなく、社内の人材に任せていくべきことですが、エクセルでやり続けてしまうと、いつまでたっても手放せません。どこかのタイミングで切り替えましょう。

≫ポイント② 専門家によるデータ分析

シーズン開始前、シーズン途中、シーズン終了の3回。通年出荷の品目であれば、年に2回、ないし年4回程度はデータを読み解く専門家に見てもらいましょう。

「データサイエンティスト」という職業があります。ITやビジネスに精通していて、データ分析を行なう専門家のことです。

農業経営がわかるデータサイエンティストは、現時点ではまだ希少な存在ですが、今後農業界においても、大規模かつ複雑なデータが蓄積されていくことは間違いないので、並行して需要が高まっていくことでしょう。今から味方にしておきましょう。

いかがでしょうか？

「管理」の基本は数字、データです。組織を作っていく下準備として、きちんと見たい数字が見える仕組みを作っていくことが大事です。

そのために必要なことを、あらためてまとめます。

●何を見たいのかをはっきりさせる
●蓄積に時間のかかるデータは腰を据えて集める
●農業経営者のＩＴへの興味レベル、社内のリソース、投入できるコストから最適な進め方を考える
●振り返りをして、システムを拡張したり、専門家からのアドバイスをもらう

ＩＴをフル活用して、経営を数値化できるスマートな農業経営者になりましょう！

8章

「理念浸透」に関する設計

――理念、ビジョン、価値観をそろえる

〝プルルルル、プルルルル……カチャ〟

Hパイセン　「なになに？」

藤野　「Hパイセン、書籍の話なんですが、次の章のテーマは理念とかビジョンとか、価値観の浸透です」

Hパイセン　「おお、いいね、ザッカーバーグも大事だと言ってたもんね」

藤野　「急にザッカーバーグですか……。一応、本題に入りますね。理念って、そんなんじゃ飯食えんとか、まあ大事だと言っているのはわかるけど……っていう反応がけっこう多いですよね？」

Hパイセン　「そうだね、やっぱ最初はそんなんいらんし、俺も飯食うこととか、稼ぐことが大事だと思ってたもんね」

藤野　「そうですよね。でも、今は違うってことですよね。Hパイセンの場合は、どういう風に考えが変わっていたんですか？」

Hパイセン　「そうねえ……。まあ、人を採用したらさ、しばらくはどんどん人が辞めていくじゃない。なんでこんなこともできねーんだ？　みたいな」

藤野　「あるあるですね……。『あいつら全然使えない』とか言いながら、人がどんどん辞めていくパターンですよね」

Hパイセン　「まあ、みんな通るよね。要するにお金じゃないのよね、お金とか条件でがんばらせても、相手には選択肢がいっぱいあるわけじゃない。もっと条件のいいところなんて」

藤野　「そうですね」

Hパイセン　「でも、経営者には選択肢なんてないよね。別にお金がたくさんもらえるわけでもないけど、他のことをやる選択肢なんて、経営者や一部の幹部にはないからね」

藤野　「それでも、何で続けられるのか、ということですよね」

Hパイセン　「そうそう、そうなんだよね。結局さあ、続けられたのは夢とか、目標とかがあったからよ。だから、どんな局面があろうと、自分で勝手に考えるわけでしょ」

藤野　「〝やり遂げる〟と思ってやると、知恵は出てきますからね」

Hパイセン　「学校の勉強なんか全然しなかったもんね。そもそも何のためにやるのかがわからんかったから、勉強しないっていう感じ。でも農業で夢とか目標があれば、そのために一生懸命勉強する。この単純なことを、社員にもやらせてあげたいと思ったのよ」

藤野「それで会社の理念とか、ビジョンとかを掲げたり、Hパイセンの考え方をよく伝えるようになったということですか？」

Hパイセン「そうそう」

藤野（やばい、何もオチがない……）

社長の「考え」が変わり、「コミュニケーションモード」が変わることがスタート <<<

「なんでできねえんだ」
「ちょっとは考えてよ」

スタッフに対し、こんな風に言っていた時代もあったのに、今では……

「1～2年、まあ3年は見てあげる」
「そもそもの資質は問われる。でもそれは面接、あるいは採用フローで見極められる」
「普通の人が普通にやって成果・結果が出せるかどうか、それは仕組みの問題」

みんな言うことが変わっていきます。**問題は経営者自身にある**ことに気づくからです。

これが、ある特殊な業界や環境、たとえば成長著しい業界、あるいは経済全体が成長している地域であれば、経営者の問題はさておいて、勢いで組織を拡大していくことも可能でしょう。しかし、我々の業界は農業です。そして、エリアは基本的に日本の地方です。上りのエスカレーターに乗るがごとく、スイスイと事業を拡大、というわけにはいきません。

それなりの組織力や経営者の人間力がないと、農業経営で3億円を突破するのは難しいです。

もともと人間力が高く、人間性が素晴らしく、5000万・1億・3億突破の各ステージで、スタッフ一人ひとりに寄り添いながら事業を拡大していけるのであれば、考え方を変える必要はありません。しかし、そのような農業経営者を見ることは、なかなかありません。私自身もそうでしたし、経営者には「わあわあ」言っている、あるいは言ってきた人が多いように感じます（笑）。

このように事業の拡大、成長の過程で経営者の考え方が変わっていきます。

もうひとつは経営者のコミュニケーションモードが変わります。**「話す・伝える」ことよりも、「聞く・対話する」ことが多くなっていきます。**

指示や伝達は一方通行のやり取りですが、対話とはお互いの価値観のすり合わせです。価値観がすり合わなければ、対話は成立しませんが、これはなかなか骨の折れる作業です。ですが、経営者がこの「対話」を意識することが大事です。

理念、ビジョン、価値観の浸透を達成するには、経営者のこの2つの変化、つまり「考えが変わる=悪いのは経営者自身」「コミュニケーションモードが変わる=聞く・対話を増やす」が第一歩です。

組織が拡大しない、成長できない経営者の特徴は明確です。それは、**自社の社員の文句ばかりを言っている**ことです。経営者自身の人間性を向上させていきましょう。がんばりましょう。

働く人たちに必要なのは経営理念より事業理念 <<<

私が経営する株式会社クロスエイジの経営理念は、「農業の産業化　～農業を魅力ある産業に～」です。これを経営者である私は完全に腹落ちさせ、定量的・定性的なビジョンを鮮明に描き、事業の範囲を設定し、戦略を立案し、経営システムを構築し、意図した組織の風土を醸成していっています。一貫性があり、判断にぶれがありません。私の場合は。

では、スタッフは働く上でどう考えているでしょうか？

「お年寄りや小さな農家さんたちも、きちんと儲かる仕組みを作りたいです！」
「加工品をもっと売っていきたいです！」
「観光に興味のある農家とともに、着地型観光で地域の活性化を図りたいです！」

すべて、間違いではありません。「農業を魅力ある産業にする」という観点からすると。しかし、ちょっとずれているのです。それは、対象とする農家だったり、解決したい課題だったり、事業の範囲だったり、叶えたいビジョンだったりが、経営者である私と微妙にずれているのです。

農業者が掲げている経営理念はどうでしょうか？　それが、働いている人たちの業務の判断基準になるでしょうか？

経営理念の典型例が、

「さすが、○○農園と言われるようになる」
「農産物ではなく、農産物を育てる人を育てます」

といったものです。経営理念としてはいいのです。社長が心に刻んだり、ウェブサイトに掲げて採用活動に使ったりする分にはいいのです。でも、**日々の業務にはあまり役に立ちません。**

働く人にとって大事なのは**事業の理念、事業の定義**で、経営理念より具体的に自分たちの行動を規定したものです。事業理念は次の4つの要素で構成されます。

○○というサービスは
○○に対して
○○という課題を
○○で解決していきます

株式会社クロスエイジで言えば、

農業総合プロデュースサービスは
プロ農家に対して
スター農家になりたいという課題を
販路開拓・商品企画・経営支援で解決していきます

となります。これに、プロ農家の定義、スター農家の定義、販路開拓＝流通プロデュース、商品企画＝商品プロデュース、経営支援＝生産者プロデュースという言葉で、その中身などを伝えていきます。

農家（カットネギ）で言えば、

カットネギという商品は
スーパーや外食産業に対して
安定供給という課題を
定価・定質・定量・定時の4定で解決していきます

となります。

「定価」とは安定した価格です。「定質」とは安定した品質です。「定量」とは経営規模や年間を通じて平準化された供給体制に裏づけされた、安定的な出荷量です。「定時」とは欲しい時に欲しいタイミングでお届けするということです。こういったことも補足で説明していきます。

いかがでしょうか？　経営理念は大切です。ただし5000万・1億・3億を越えていくのであれば、事業理念のほうが大事です。でないと、働く人たちの判断軸がぶれていきます。

経営理念をすでに持っている、あるいは新たに考える際に、事業理念としての要素がすべて入っていればOKです。そうでないなら、経営理念とは別に事業理念を掲げましょう。

経営理念に接する機会を増やす　<<<

社内の全員に理念・ビジョン・価値観を浸透させることは、一朝一夕にはできません。経営者が率先垂範したり、普段の業務の中で体感してもらったりということはもちろんですが、次のページを参考に、働く人たちが理念やビジョン、価値観に接する機会を増やしましょう。

入社前	
ウェブサイトに掲載する	自社のウェブサイトの目立つところに理念を載せる。社外の人たちにも発信できるため、理念を大切にしている会社というブランディングにもつながる。
採用活動	合同説明会や求人を出す際に、理念にも触れる。採用フローの中で、理念やビジョンへの共感度、社長や既存スタッフと価値観が合うか(一緒に働きたいと思うか?)を確認する採用基準と採用フローを設計する。
採用が決まってから	内定式や入社前の食事会で、理念やビジョンを伝える。

次章以降の「評価」「教育」「採用」のプロセスも実は、理念やビジョン、価値観の浸透のための重要なプロセスです。日々の仕事や目の前の業務と理念やビジョン、価値観が密接なものになるようにいろいろな工夫を行なっていきましょう。

入社後	
節目節目で語る	入社式、創立記念日、忘年会、年初式、方針説明会など、経営者がスタッフに向けて語り掛ける場面で経営者自身の口で伝える。
社内に掲示する	社内の壁やトイレ、パソコンの待ち受け画面など、自然と目に入る場所に掲げる。
名刺に入れる	常に携行することができ、社外の人にも知ってもらえる。
朝礼で触れる	会社の朝礼のプログラムを作成し、その中に理念の唱和を入れる。
学ぶ機会を作る	2時間や半日、あるいは1泊2日の研修や合宿を行なう。普段の業務から離れて、集中する環境を用意して伝える。
人事評価制度に盛り込む	業績や成果の基準、能力の基準に加え、仕事を通じて理念やビジョン、価値観をどれだけ意識したり、体現したりしているかに関する基準を加える。
その他	理念やビジョン、価値観に沿った行動を表彰する、社内報や社内メールで該当メンバーをクローズアップする、表現可能な共通のグッズやおそろいのTシャツを作る、会社の組織風土醸成とマッチしたオフィスに変えるなど、人数が増えるにしたがって仕組みを整える。

9章

「評価」に関する設計
——理想の組織図と人財イメージ

藤野　「パイセン、評価ってどう思います？　あまりそういうのを作ろうとは思わなかったでしょ？」

Hパイセン　「人事考課制度とか、たいそうなものはいらんけど、やっぱり独自の理論は磨いてきたよね」

藤野　「と、言いますと？」

Hパイセン　「見た目とかさ、雰囲気とか、名前の印象とか、どういうやつを評価すべきか、きちんと見ていけば相応の力はついてくると思うけどね」

藤野　「履歴書とか、学歴とか、そういったところでなくてよいということですかね」

Hパイセン　「馬はさ、オッズがつくじゃない？　人気のあるなしで高かったり、低かったり。でも、それを見ていたら負けるよね。評価がくもる。それよりも、独自の評価を入れる、だから勝つ」

藤野　「また、馬ですか……。会社も同じで、世間一般で人気がありそうな履歴書とか、学歴でなくて、その会社や経営者なりの独自の評価

Hパイセン　方法を作らないかんということですかね?」
Hパイセン　「そうそう。やっぱり、何事も出し抜くには独自の理論よ。でも、おねーちゃんの評価は簡単かな。シャンパンの数見れば、人気があるのかないのかわかるし。でも、おねーちゃんの評価は……あれ、どっちだ?」
藤野　「パイセン、もう止めときましょ」
Hパイセン　「まあ、まじめな話、人数が増えてくると、何をしたら評価されるのかわからない、どうしたら給料が上がるのかわからない人が出てくるでしょ」
藤野　「最初はみんな経営者に近いから、何をしてどうしたら評価されるか、勝手に伝わりますもんね」
Hパイセン　「まあ、1億円くらいまではその感じでいいんだけど、そこから3億とかになってくると、だんだん1人当たりの生産性が落ちてくる。昔は、自分の90%とか、80%の働きをする人がおったけど、だんだん30%くらいになってくるかんね」

藤野　「そうですね。そこを引き上げるためにも、評価の明確化や公平性、人事考課制度なんかも必要になってくるんですかね」

Hパイセン　「うん、30%くらいの人を50%とか70%くらいできるまで引き上げていく、そのために評価の仕組みはいるよね」

5000万・1億・3億、各ステージでやるべき「評価」への取り組み

≪

「評価」と「教育」、「採用」の3つは、経営のステージに応じて、どこまでやるべきかが異なります。要するに、早い段階からやりすぎたり、取り組む順番を間違えると、結構な時間とエネルギーをロスするということです。

「評価」の取り組みの大枠を、まずは次ページの図でご確認ください。

組織の中で働く人たちを評価する際には、大きく3つの軸に分けて考えを整理する必要があります。

ひとつ目の軸は、**理念で評価する**ということです。前章で触れた、会社の理念やビジョンへの共感度、そして価値観が合うかどうかです。この部分の評価をどう具体化していくかが課題です。

2つ目は**理想の組織図はどんなイメージか？**という軸です。まず、現状の組織図

●各ステージで必要な「評価」の取り組み●

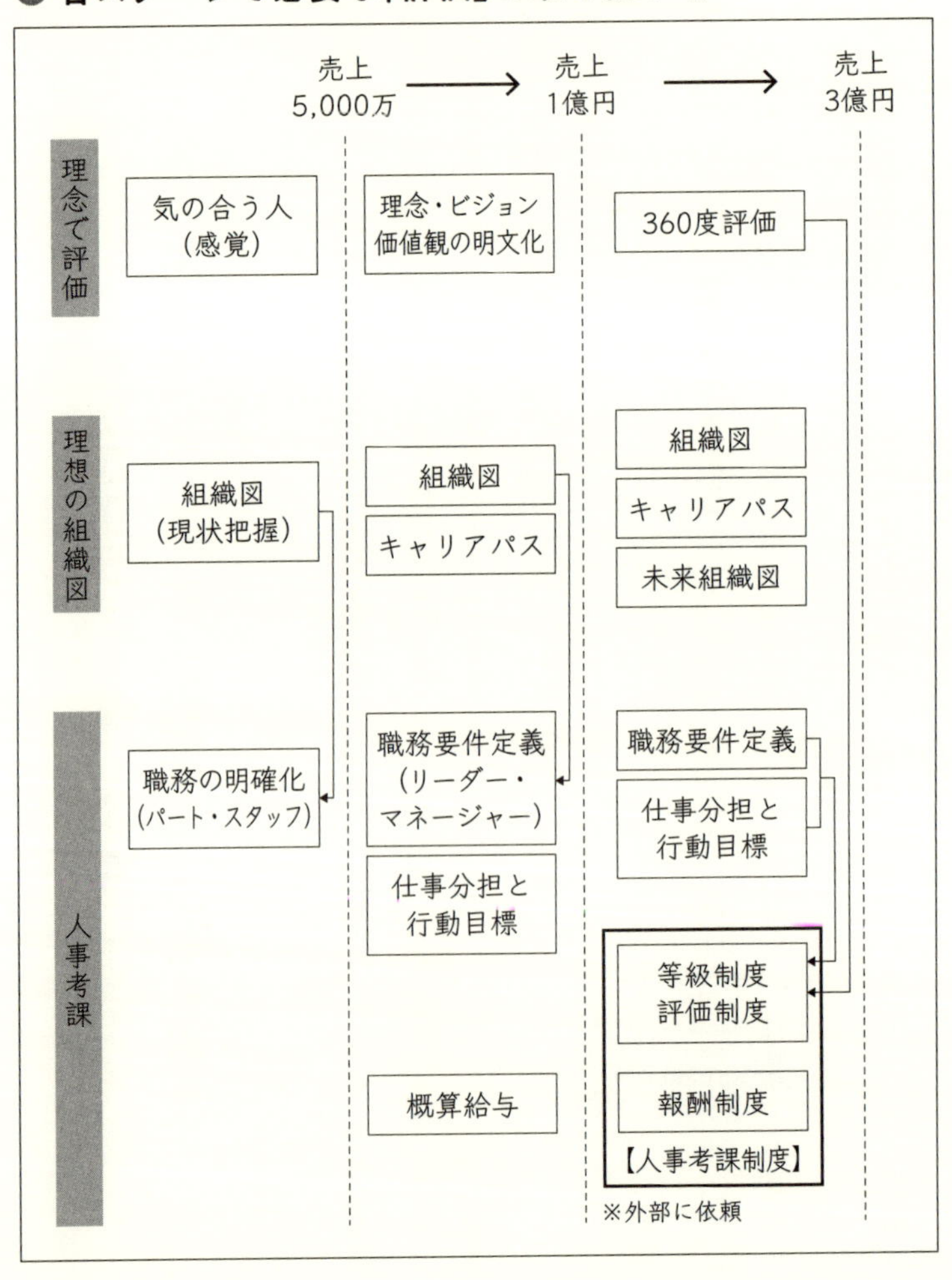

を整理して、責任や管理（マネジメント）能力の大小がわかるようにします。さらに、未来組織図の作成までできれば完璧です。

3つ目の軸は、**人事考課**です。人事考課と人事評価は、意味が少し異なるのをご存じでしょうか。

人事評価は業務や結果に対してのよし悪しを評価することであるのに対し、人事考課は賃金や昇進など働く人たちの処遇の決定を目的として、働く人たちの能力や貢献度を図ることです。これは、働く人たちに対して経営者から「会社の目指す方向性や求める組織風土はこうだよ」とメッセージを送ることでもあり、3億円を目指す過程で段階的に整理していくべきものです。

理念で評価する ⋘

それでは、理念で評価するということについて、深掘りしていきましょう。

組織を作っていく時に大事なポイントとなるのが、「スキルや能力の高い人」と「何となく気が合う人、相性がいい人」のどちらを高く評価すべきかという点です。結論から言えば、おススメは圧倒的に「なんとなく気が合う人、相性がいい人」です。

ただし、プライベートの好き・嫌いと、一緒に働く上での好き・嫌いは分けて考えましょう。一緒に働く上での好き・嫌いとは、ズバリ、**理念・ビジョンに共感し、価値観の合う人**です。「価値観の合う」という点が曖昧かもしれませんが、これは行動指針やバリューといった言葉で表わされるもので、次のようなものがあります。

- 感謝できる人（職場が明るくなるから）
- 素直な人（人に好かれる、成長が早いから）
- 輪の中心になれる人（周りが勝手に動いて助けてくれるから）
- 前向きな人（ポジティブなエネルギーが職場にあふれるから）
- 勉強好きな人（成長スピードが早いから）

要するに、経営者であるあなたが、自分が生きてきた経験、経営者としての経験か

「人ザイ」の4タイプ

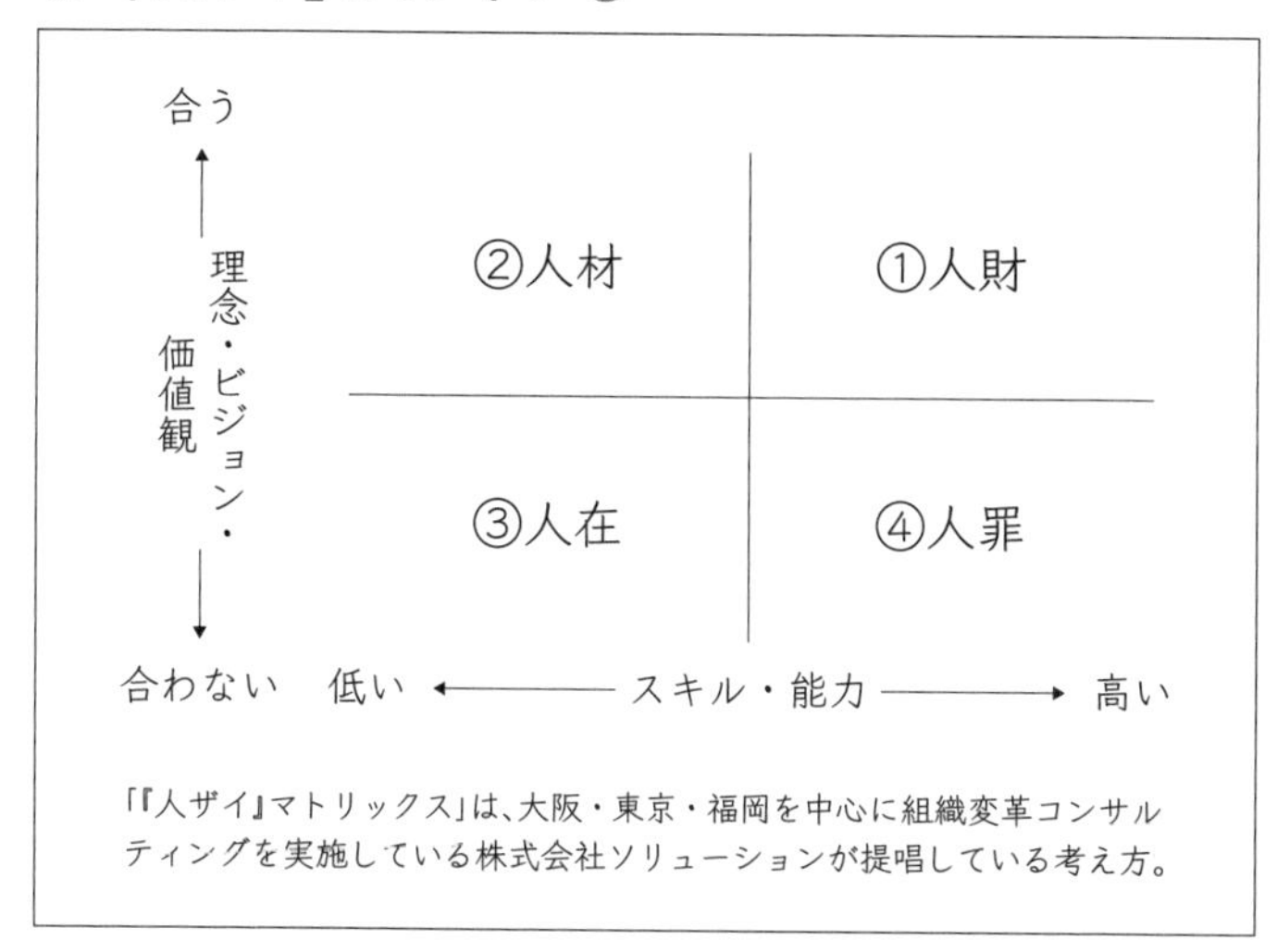

「『人ザイ』マトリックス」は、大阪・東京・福岡を中心に組織変革コンサルティングを実施している株式会社ソリューションが提唱している考え方。

ら、**「どういう価値観を持った人と働きたいか」を整理したもの**です。働いている人たちの共通項を見つけるのもいいと思います。理念やビジョンに共感してくれて、経営者や働いている人たちと価値観の合う人を高く評価しましょう。スキルや能力は、もちろん高いほうがいいですが、まずは理念・ビジョン・価値観です。

なぜ「スキルや能力の高い人」を「理念・ビジョン・価値観の合う人」よりも高く評価すると問題なのか、補足します。特に組織を作っていこうというタイミングでの話です。上の図を見てください。

図の①〜④は、組織で優先して評価する順番です。

右上の「スキル・能力」が高く、「理念・ビジョン・価値観」も合う人がもちろん最高の評価です。

次に評価するのは、「スキル・能力」はこれからだけれど、「理念・ビジョン・価値観」の合う人です。スキル・能力はこれから身につけてもらい、やがてリーダーやマネージャーになっていってもらうべき人です。

職場に必要なのは、基本的に①と②の人財・人材だけです。

最も厄介なのは「スキル・能力」は高いけれど、特に理念やビジョンに共感しているわけでもなく、なんとなく価値観の合わない人です。スキルや能力が高い分、影響力があるのです。

こういったタイプの人が退職すると、連鎖して人が辞めてしまい、組織崩壊の引き金を引く可能性があります。したがって、④の人罪は高く評価してはいけません。むしろ③の人在のほうが、スキル・能力が低い分、影響力もなく、無害なのです。

組織を作っていきたいのであれば、「理念・ビジョン・価値観」が合うかどうかでラインを引き、そのラインを超えてもらうように努力するか、場合によっては組織から退出願うのもお互いにとって必要な選択となります。

会社を伸ばしている経営者によっては、そのことを見越して、創業時や家族経営規模の時は身内でめいっぱいがんばって、タイミングを見て組織から離れてもらうというケースもあります。

》理念で評価する具体的な方法

では、具体的にどうやって評価するのか。

売上5000万円くらいまでは、経営者の感覚で評価すれば十分でしょう。まだ人事考課制度が機能していない段階なので、気が合う人や相性のいい人を高く評価すればOKです。

5000万～1億円を目指すタイミングであれば、理念・ビジョンや価値観（行動指針、バリュー）が明文化されたものを用意し、人事考課の中の評価項目に入れていきます。このステージでは、まだ経営者が自ら評価できる規模でしょうから、経営者自身の気が合うとか、相性がいいとかという感覚と大差はありません。

売上1億円から3億円に向かうステージで取り組みたいのは、「360度評価」です。「理念」で評価する際に大切なのは、本人が「理念やビジョンへの共感度が高く、価値観に沿った行動ができている」と思っていることではなく、周りから見てできているかどうか、です。数字で表わせない分、評価の基準はそこだけです。

本来は「社長から見てできているかどうか」で判断すればいいものですが、人が増えてくると、「社長は好き・嫌いで人事をやっている」と不要な憶測が生まれるおそれがあるので、働く人みんなで評価するといいでしょう。

360度評価とは、上司、同僚、部下など、立場や評価の対象者との関係性が異なる複数の評価者によって、対象者の人物像を多面的に浮き彫りにする評価の手法です。

経営者だけでは見落とすことがあるほか、空間的に観察しにくい対象者も出てくるので、評価の信頼性や妥当性を高めることにつながります。

組織図を整理する <<<

一緒に働く「人」の理想像は持っていても、「組織」の理想像は持っていない人が多いのではないでしょうか？

まず、現状の「**組織図**」を作成することからはじめます。売上5000万円までは、とりあえず現状把握のために実施します。

売上5000万円を超えてからは、働いている人たちが、自分の組織での位置を確認するため、誰が上司なのかを把握するために、組織の階層がわかる組織図を作ります。次ページのように、取締役以下を4階層くらいに分けるとちょうどいいでしょう。

現場での作業をお願いするパート、社員の中では、スタッフ・リーダー・マネージャーの3階層にするのが一般的です。呼称はさまざまで、一般社員・課長・部長でも構いません。農業界では、リーダー・課長クラスを班長と呼ぶことも多いですね。

● 組織図の例 ●

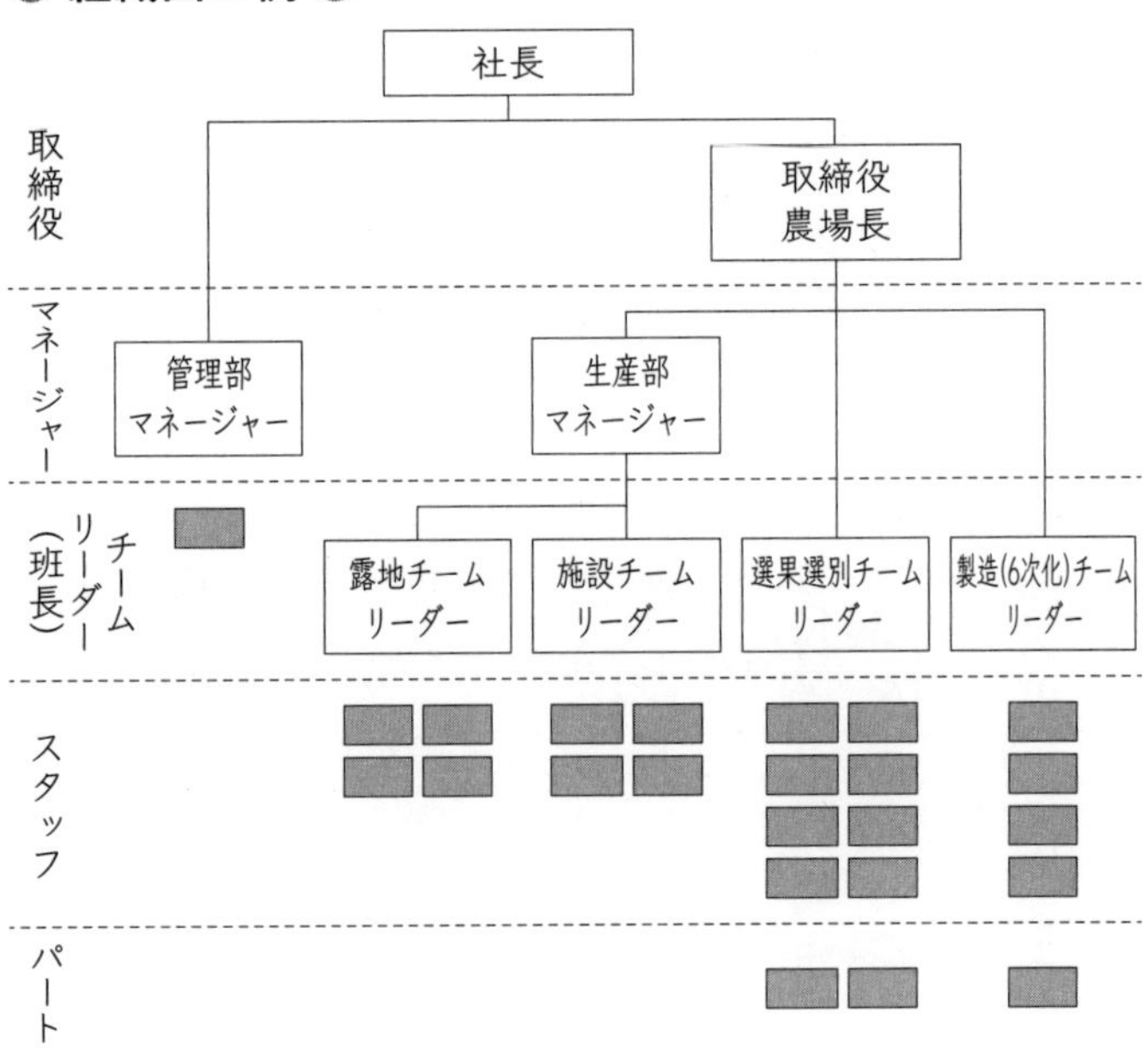

階層や職種を意識した組織図のほか、もうひとつ用意したいのが、「**キャリアパス**」です。入社してマネジメントスキルやリーダーシップを発揮していって、どういう風にキャリアアップしていけるのかを示した図です。

なかには、現場でとことん技術を追求したいという人もいるはずですから、「エキスパート（熟練技術者）」というキャリアも用意しておくといいでしょう。

キャリアパスの例

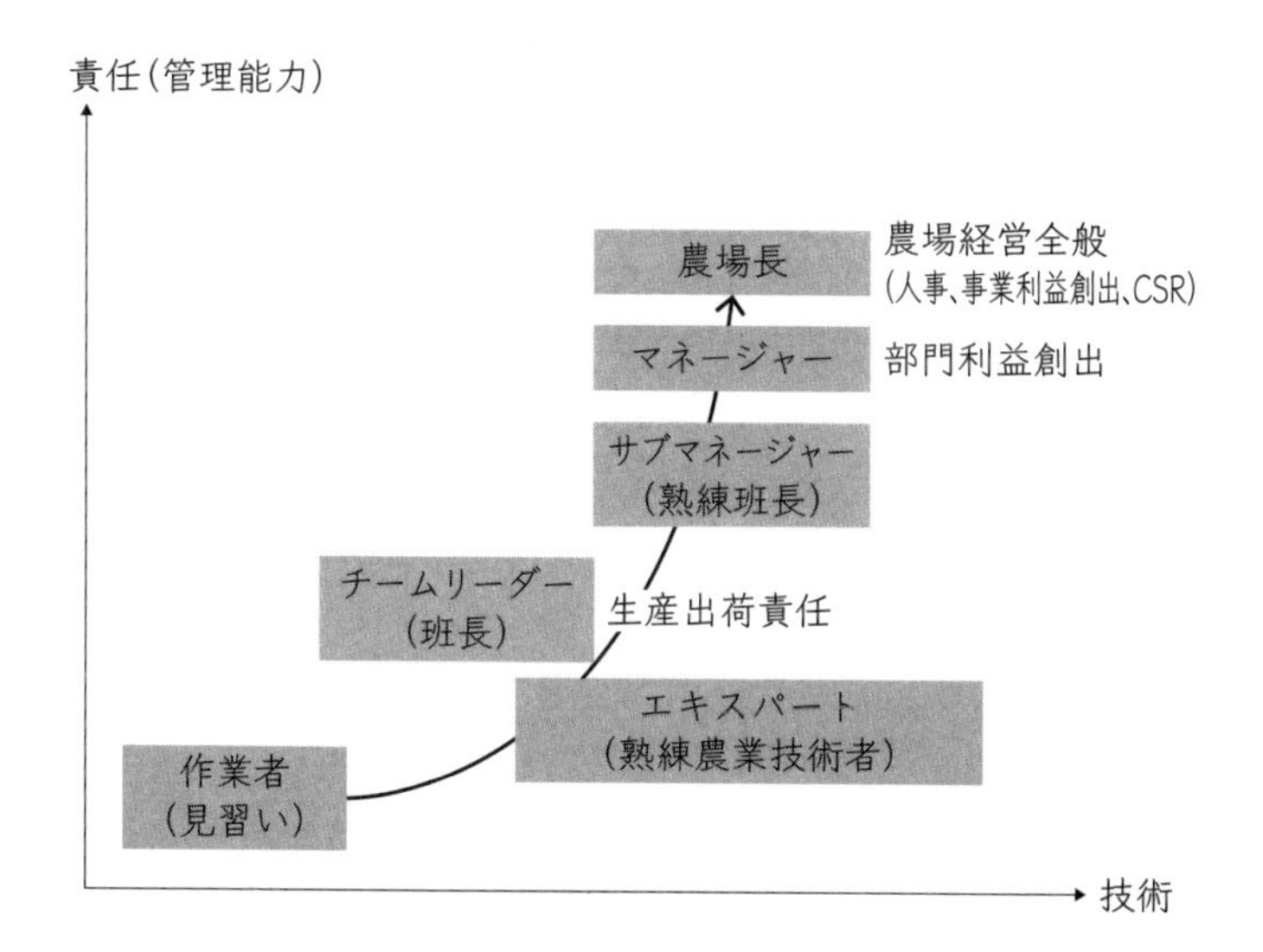

さて、1億円を超えて、3億円を目指す過程であれば、よりビジョンを鮮明に描く意味で、「未来組織図」を作成してみてください。

未来組織図を作ると、「現状はこうです、でも、○年後の組織はこうなっています。だから、そこに向かって経営者も成長するけど、皆さんも成長していきましょう」というメッセージを送ることにつながります。

人事考課制度を作る ≪

前述の通り、「人事考課」は賃金や昇進など、働く人たちの処遇の決定を目的として、働く人たちの能力や貢献度を計ることです。四半期に一度、あるいは半年に一度といった頻度で〝査定〟を行ないます。

ただ、ほとんどの農家、農業経営者が、四半期ごとの人事考課や、フィードバックのための育成面談を受けた経験がないので、導入しても運用するのは難しいだろうなあ、と思います。つまり、「何か必要そう、とりあえずやってみよう」、「結局、全然運用できなかった」となるケースが想像できてしまうのです。

大事なのは、**どのタイミングで何をやるか**、です。

「給与を決めたり、単に評価したりするためでなく、教育のために導入するんだ」という考えもありますが、それにしても、人事考課制度を作って運用するのは骨が折れます。教育だけが目的なら、四半期に1回、育成面談をきちんとやるだけで、売上1億円までは十分でしょう。

職務要件定義書を作る

せっかくやるなら、時間とエネルギーのロスなく、無駄なくやっていきましょう。まず、売上5000万円を目指している段階でやっておきたいのが、**職務の明確化**です。自分が所属、あるいは関連している部署・部門・職場・職種において、何を期待されているのか、働く人にとっては必要です。1人でも人を雇うのであれば、採用面接の時に必要になるので、職務要件定義書を作っておいて損はありません。

パートスタッフ、スタッフ、リーダー、マネージャーそれぞれの職務を明確化した図（**職務要件定義**）の例を次ページに紹介します。売上5000万円までなら、パートスタッフ・スタッフまで、1億円に向かう中で役割が誕生してきたなら、リーダーやマネージャーの職務要件定義書を整理していきましょう。

● パートスタッフ

1 会社や部のビジョン、方針に沿った行動

2 上司や先輩の指示通りの作業遂行

3 作業一つひとつの意義の理解

4 作業の経過および問題点の報告

● スタッフ

1 会社や部のビジョン、方針に沿った行動

2 上司や先輩の仕事からの自己技術習得

3 作業一つひとつの意義の理解

4 作業の経過および問題点の報告

5 お客様や取引先への対応

6 適期収穫(天候・作物の生育状況・売上を常に意識)

7 作物の病気を早期に発見する観察力

8 市場価格、農業技術等の外からの情報取得

● 職務要件定義の例 ●

● リーダー(班長)

1. 会社のビジョン、方針に沿った作業計画の策定
2. 部下のシフト管理
3. 部下への作業指示・技術指導
4. 作業(現場レベル)の意思決定
5. 会社の決定内容の社員への伝達
6. 現場の状況の部長への伝達
7. 会社の問題点、他部や取引先との不具合の報告
8. お客様および取引先との交渉・リレーションの構築

● マネージャー

1. 部のビジョン、方針の策定
2. 経営数値目標の予実管理と目標達成に向けた取り組み
3. 部下の行動管理、安全管理
4. 部下の育成とモチベーション管理
5. 部内(現場レベル)の意思決定
6. 社長そして自身の決定内容の社員への伝達
7. 現場の状況の社長や他部長への伝達
8. 他部との不具合、ギャップの調整・補完

≫業務の棚卸をする

次いで、売上1億円を目指す過程でやっていきたいことが、**業務の棚卸**です。要するに、組織で発生している作業内容を全部書き出すのです（次々ページ図参照）。部門ごと、作業工程ごとの作業内容を書き出します。たとえば生産部門なら、次の工程があります。

- 「栽培管理」の工程
- 「収穫」の工程
- 「選別」の工程

そして、工程ごとに作業内容があります。

「栽培管理」なら、播種、潅水、潅水補助、農薬散布、農薬管理、肥料管理、除草、除草剤散布、除草剤調整、遮光、堆肥散布、施肥、耕起、等の作業があります。

「収穫」なら、収穫、収穫量の調整、在庫管理、等があり、「選別」なら、業務委託先の管理等があります。このように業務をすべて書き出すのです。

そうすると、経営者のあなたがやる仕事、パートさんに任せる作業、スタッフに任せる作業、リーダー（班長）に任せる仕事など、分類し、割り振ることができます。すると、経営者であるあなたは、自分がやるべき仕事に集中できます。

そういう意味で、人事考課制度の運用の話は別にしても、業務の棚卸はとても意味のある仕事です。ぜひやりましょう。そして、作業内容ごとの行動目標を設定すると、さらに任せやすいですよね。仕事分担と行動目標の設定に、ぜひとも取り組みましょう。

賃金テーブルをどうするかについては、とりあえず概算給与があればいいでしょう。要するに、パートさんはこれくらい、スタッフはこれくらい、リーダーになったらこれくらい、マネージャーはこれくらい、基本給とその他の手当てでこれくらいという概算を決めて、組織図やキャリアパス図に記入しておきます。あとは、毎年ちょっとずつ上げていくことを意識すれば、この段階ではいいでしょう。

部門	作業工程	作業内容	行動目標 (目指すべき指標)	作業者	リーダー (班長)	マネージャー
生産部	収穫	収穫	収穫適期を判断し、効率的に収穫することができる	○	○	○
		収穫量の調整	オーダーと原料在庫を確認し、収穫量の調整ができる			○
		在庫管理	仕掛品の在庫管理ができる			○
	栽培管理	播種	種が出ているか確認している、まっすぐ植えることができる	○	○	○
		潅水 (スプリンクラー)	水分調整ができる		○	○
		潅水補助 (スプリンクラーの掃除)	詰まりがないか確認し正しく掃除することができる		○	○
		農薬散布 (セット動噴・動噴)	機械管理ができる		○	○
		農薬管理	農薬に関する知識があり、正しく管理ができる		○	○
		肥料管理	過剰施肥にならないよう施肥量の管理ができる		○	○
		除草	きれいにとることができる	○	○	○
		除草剤	ムラがなくかけることができる	○	○	○
		除草剤調整	正しい倍率で調整できる		○	○
		遮光（ネット張り）	風で飛ばされないようにしっかりバンドしている	○	○	○
		堆肥散布（軽トラック）	トラックを正しく運転し、ムラなく散布することができる		○	○
		施肥	ムラなく施肥することができる	○	○	○
		耕起	トラクターを正しく運転することができる		○	○
		追肥	追肥をするか、量の判断ができる		○	○
		土壌消毒	分量や使用頻度を正しく理解し、使用上の安全管理ができる		○	○
		ハウス補修	壊れている箇所を適宜補修することができる		○	○
		農薬判断（病害虫判断）	病害虫の生育状態や被害の様子を確認し、正しく対処することができる		○	○
		農薬散布補助	ホース調整、農薬散布補助ができる	○	○	○

業務の棚卸
(作業内容の書き出し)

行動目標を設定
すると任せやすい

任せる仕事が
明確に！

● 業務の棚卸と行動目標の設定 ●

部門	作業工程	作業内容	行動目標（目指すべき指標）	作業者	リーダー（班長）	マネージャー
製造部	加工・出荷	洗浄	土をきれいに落とすことができる	○	○	
		脱水	バランスよく機械に投入し、水分量を確認できる	○	○	
		選別	枯れ葉や切り損ないを見つけ出し、除去することができる	○	○	
		カート機械の掃除	洗浄機、スライサーを分解し、正しく掃除、取つけができる	○	○	
		計量	規定の量を正確に入れることができる	○	○	
		束かけ	カップ中央に緩みなくしっかりかけることができる	○	○	
		包装	それぞれの規定の包装を正しく行なうことができる	○	○	
		箱詰	数量を正確にきれいに箱詰めすることができる	○	○	
		出荷	出荷漏れがないかしっかり確認し、正確な出荷ができる		○	
管理部	受注業務	注文受付処理	電話・FAX・メールにて受注処理ができる		○	○
	出荷計画作成	収穫量の決定	システム入力および予測数量計算などの管理業務ができる			○
		パートシフトの決定	雇用形態に沿った計画を立てることができる			○
	売上管理	請求書作成	売上管理ソフトとExcelでの売上管理を照合し正しく請求ができる		○	○
		納品書作成	出荷指示書から納品書を作成できる		○	○
		見積書作成	資材・運賃を含めて計算し、適正な見積書を作成することができる			○
		電話応対・来客対応	失礼のない応対を心掛けている		○	○
	経理	入出金管理	弥生会計で入力、支出を管理することができる		○	○
		仕入先支払処理	月末ビジネスバンキングにて支払い処理ができる		○	○
	労務管理	給与計算	出勤簿を確認しExcelで給与計算ができる		○	○
		給与振込	ビジネスバンキングにて支払い処理ができる（実習生は手渡し）		○	○
		人事	面接などそれに付随する業務を行なうことができる			○

≫人事考課の3点セット「等級制度・評価制度・報酬制度」を作る

さて、いよいよ売上3億円に向かうための人事考課です。定期的に評価を行ない、その結果を処遇に反映させる仕組みを作ります。

人事考課制度を導入する際に、最低限、必要とされるものがあります。それは、等級制度、評価制度、報酬制度の3点セットです。これらは、どれひとつ欠けても不十分で、有機的に結びついて存在するものです。

農業経営者の皆さん、はっきり言います。**いい社会保険労務士やコンサルタントを見つけてください**。本章の執筆に際しても、北海道を中心に一次産業の従事者を対象に財務や人事制度のコンサルティングを手掛ける株式会社オーレンス総合経営の資料を参考にしています。

1億〜3億円くらいの規模の農家であれば、社会保険労務士やコンサルタントに制度づくりを頼んだとしても、60万から100万円くらいが目安です。また、職場環境を整える取り組みに対しては国の助成金がつくこともあるので、実際の手出しはもっと低くなります。

だったら、等級を7等級にするか9等級にするか、評価項目の業績項目と能力項目、情意項目の評価割合をどうするか、賃金テーブルのピッチの幅をどうするか……そういったことを自分で勉強しながら作るよりも、割り切って外部に依頼しましょう。

理念で評価する軸や、職務要件定義や仕事分担と行動目標がすでに整理できていれば、人事考課制度における3点セットもスムーズに作成できるはずです。

もちろん、何も手をつけずに1億円、2億円規模になってしまった農家は、理念やビジョンの再確認から、現状の組織図の整理まで全部任せてもいいでしょう。

外部に依頼して人事考課制度を策定することと、もう一点重要なのは、**管理部門の責任者がいるかどうか**です。経理や営業事務がいるだけで、責任者クラスはいないとしても、通常業務で手いっぱいでなければ大丈夫です。要するに、運用の問題です。定期的に評価し、結果を整理・分析し、フィードバックの面談をするというのは、かなり労力のいることです。これを経営者が管理・運用するわけにはいきません。任せる人が必要ですので、その人材がいるかどうかに注意してください。

さて、いかがでしたでしょうか？

売上のステージに応じた、「評価」への取り組みをお伝えしました。最終的には、経営者が感覚的に鉛筆なめなめで、この人の評価はこれくらい、これくらいの給料あげとくか……、という状態から、３６０度評価や人事考課制度の運用で納得性、公平性のあるものにしていきます。

と言っても、経営者の感覚による評価と、一連の評価制度の運用で導き出された評価の結果が乖離（かいり）しているのはおかしなことです。売上３億円くらいまでなら働く人たち一人ひとりに目が届くでしょうから、経営者自身の感覚と制度で導き出された結果の乖離がなくなるように、評価の基準や人事考課制度の仕組みをメンテナンスし続けましょう。

10章

「教育」に関する設計

――理想と現実のギャップを埋める

【居酒屋会議】

藤野　「マニュアルとか、訓練体系って必要ですよね。どうしましょうか？」

Hパイセン　「うーん……いらなくね？」

藤野　「ええ、そうすか」

Hパイセン　「失敗させてなんぼやもんね。失敗させたいもん」

藤野　「でも、最低限のマニュアルはあったほうがよくないですか？」

Hパイセン　「だって、3年くらいでできるようになるよ。マニュアルを作るほどのことじゃないでしょ。それよりセンスが必要だよね、肥料をまく、まかないもセンスだもん」

藤野　「じゃあ、その人のセンス次第ですか？」

Hパイセン　「まあ、センスというか……、自分で考えるのかどうかじゃない？考える人間が失敗しても、次は改善するやん。でも、考えない人間は失敗して怒られても、聞き流しているだけでしょ？」

藤野　「じゃあ、まとめると、『マニュアルは不要、自分で考える人間を採用、失敗させながら教育』、ですかね。うーん、あと何かありますか？」

Hパイセン　「育つまでの我慢やね……」

藤野　「なんか、このテーマになると歯切れ悪いっすね」

Hパイセン　「みんな悩んでんじゃない？　そこんところどうするのか」

【後日】

藤野　「パイセン、マニュアルづくりの目的について、まず整理してみたんですけど。ある委員会に出席したら、メーカー出身の方で、こんなことを言ってる方がいまして」

Hパイセン　「なに？」

藤野　「マニュアル作成には目的が2つある。ひとつ目は新しく人が入って来た時に教えるため。これは、場合によってはいらないですよね。先輩が後輩に教えればいいだけの話ですから」

Hパイセン　「そうだね」

藤野　「2つ目の目的が、改善につなげるためです。半年に1回とか見直しを行なって、現場の作業とマニュアルに乖離がないかを確認、現場が危険な作業をしていたら正す。そして、現場が進んでいて、マニュアルの見直しが必要であれば手直しをする」

Hパイセン「おお、なるほど。それいいね。わかりやすい」

藤野「それを現場のリーダーやマネジメント級に役割として与えて、してもらえれば人材育成にもつながりますよね」

Hパイセン「よし、いいこと教えてもらった。飲みに行こう！　タマちゃんとトモむんに会いに行く」

戦力化するまでの期間を設定する «

教育においてまず大事なのは、戦力化するまでの期間を定めておくことです。現場で作業や仕事をしてもらえるレベルに達するまでに、どれくらいの期間を要するか、という話です。「明日から」という人もいれば、「1週間」という人もいるでしょう、「6ヶ月」と設定している場合もあるでしょう。大事なことは、**経営者であるあなたが、どれくらいの期間に設定するか**です。

選果選別部門や管理部門、カット工場や6次産業化部門に働く人たちを配置する場合、期間は決めやすいと思いますが、難しいのが生産部門です。どれくらいの期間で、生産部門で採用した人間を戦力化できるか？　これは難しい問題です。

ひとつの目安として、とりあえず作業を開始するまでに1週間、ひと通りの作業を覚えるのに1年間、と設定できます。これは季節によってやる作業が違うからです。

生産の管理、要するに作業の段取りを覚える目安は3年です。これは年によって生産現場の状況が変わることもあるからです。

このように、まず、どれくらいで戦力化するかを決めましょう。この期間が短いほど、組織を短期間で拡大できます。

新人を採用し、3ヶ月後から、自分の給料の3倍の付加価値を生み出してくれるなら、人を増やすことは何も怖くないですよね。

実際には、3年かけて一人前。途中で辞めることもあれば、新人の育成期間は、いわば常に余剰人員を抱えた状態で、収益も出ません。とりあえず現場で役に立ってもらえるまでの期間、これを設定し、その期間内で戦力化できるようにプログラムを作ります。

戦力にするための教育プログラムは、2種類に分けて考えましょう。

ひとつは、「初期教育」といって、通常の業務からは離れた形で、「理念を語れる」ようにしたり、職場で働く上でのルールや基本的な心構えについて学ぶプログラム。

もうひとつは、「訓練期間」といって、できる作業や仕事をとにかく増やしていくプログラムです。

「初期教育」は、経営者が担当します。採用する職種にもよりますが、少なくとも丸1日、長い場合は1ヶ月程度を初期教育期間とします、鉄は熱いうちに打てと言うように、入社直後の教育は今後の働き方を大きく左右します。経営者として、優先度の高い仕事と認識し、積極的に取り組んでください。

「訓練期間」は、経営者が担当する部分もあるものの、既存スタッフに任せたい教育

業務項目の洗い出しとOJT

です。この場合の注意点は、**誰か特定の人につけるのではなく、仕事に応じて、トレーニングする人を変えていく**ということ。業務項目を洗い出し、訓練期間に習得が必要な項目を定め、目標とする期間内に教育できる人が教育していきます。

前章の評価の取り組みで、売上5000万円を目指す過程でも、パートやスタッフに求める「職務の明確化」の必要性を述べました。また、1億円を目指す過程での「職務要件定義」や「仕事分担と行動目標」の作成の必要性も述べました。人事考課のためというより、教育のために必要なものなので、やはり作成が必要です。

≫ＯＪＴにマニュアルが必要な理由

ＯＪＴで訓練する際に、マニュアルが必要かどうかについて考えてみましょう。結論から言うと、マニュアルはあったほうがいいです。マニュアル作成の目的は、次の2つです。

- 新しく入ってきた人に教えるため
- 現場の作業とマニュアルの乖離を把握し、現場の作業かマニュアルのどちらかを改善していくため（リーダーやマネジメントクラスの教育効果もあり）

仮に、リーダーやマネジメントクラスの人員がおらず、作業は単純なものに限定され、新しく入ってきた人に口頭で伝える程度で済むなら、マニュアルはいりません。ただ、これから5000万・1億・3億円を目指していくのであれば、新しく入ってきた人が1年分の作業を予習したり、戦力化のスピードアップを図ったりするために、マニュアルがあったほうがいいでしょう。

今後、外国人技能実習生が増えてくることも考えると、動画でマニュアルを作っておくのも手です。

作成したマニュアルは改善し続けてこそ、使えるものになっていきますが、改善する役割をリーダーやマネジメントクラスに任せると、その層の教育・成長につながります。

また、経営の「数値化」とマニュアルの改善をセットで行なっていくと、数値的な設定基準を多く盛り込んだマニュアルが作成できます。こうすると、マニュアルは**基準と実績のギャップを解消していくための強力なツール**になっていくことでしょう。

幹部には、よその生産者を見せに行く «

新しく入った人や会社で働いている人にとって、教育効果が高いと思われる取り組みが、

- その組織にスーパー幹部がいる（存在させておく）こと
- 農業で独立して成功している先輩がいること

この2点ではないでしょうか。

後者に関連する独立支援制度については、本書で取り上げることはしませんが、いずれ「独立支援制度を活用して、5年で年収1000万達成。高級車乗ってます！」といったケースが農業界にたくさん出てくると考えています。

さて、社内に能力の高い幹部、いわば〝スーパー幹部〟がいると、働く人たちのキャリア形成によい影響を与えます。幹部がどうやって育っていくかは、本書の「おわりに」で書かせてもらいますが、すでにスーパー幹部、ないしはそれに近い存在がいる経営体も多いでしょう。その人たちに、組織の拡大、経営者のレベルアップに合わせて、きちんと成長してもらうことが重要です。「会社をつぶすのは経営者、会社を伸ばすのは幹部」という言葉がありますが、その通りだと思います。

そんなスーパー幹部候補と、ぜひ一緒に実施してほしいのが、「よそを見に行く、交流する」ということです。経営者だけでなく、幹部とともに、です。

農業において、特に管理の部分は「センスが必要」と言われます。作業の段取りをどうするかです。「センス次第」と言ってしまうと、話がそこで終わってしまいますので、熊本県のPRマスコットキャラクター・くまモンのデザインを担当したデザイナーの水野学氏は、著書『センスは知識からはじまる』（朝日新聞出版）の中で、センスがよくなるためには次のことが必要だと語っています。

①王道から解いていく
②今、流行しているものを知る
③「共通項」や「一定のルール」がないかを考えてみる

私の言葉で言い換えると、

①ベーシック、基本を知っていること
②時代のトレンド、空気感をつかんでいること
③儲かっているところ、うまくいっているところを見に行くこと

となり、「よそを見に行く」という行為は、③にあたります。
幹部にセンスを磨き続けてもらうために、栽培品目の一般的な栽培方法、管理方法

●「教育」の仕組みのポイント●

- 教育の仕組み
  - 戦力化する期間の設定
    - 選果選別部門 管理部門 製造部門 ⇒設定しやすい — 戦力化のプログラムを作る
    - 生産部門 どうするか？ — たとえば…… 1週間で現場に出す、1年間で作業を習得、3年で管理(段取り)と設定 — 戦力化のプログラムを作る
  - 業務項目の洗い出しとOJT
    - 初期教育 — 理念 基本姿勢 — 社長・幹部が教育実施
    - 訓練期間 — 人でなく仕事につける — マニュアルの作成
      - 1年分の作業を予習し、戦力化のスピードアップ
      - 現場レベルのマニュアル改善でリーダー教育
  - スーパー幹部＋独立支援制度
    - 大幹部、ナンバー2、片腕…… スーパー幹部を作る — 外をひたすら見せに行く
    - 独立し、大成功モデルを作る — ますます成長する

に加え、組織として蓄積してきたノウハウを理解し、さらに進化させています。そして、時代にあった売り方、資材、燃料の確保の仕方、人の採用方法などの情報に敏感になってもらいます。さらに、儲かっているところ、うまくいっているところを見させる、交流させます。

経営者自身がこれらのことに取り組むのはもちろんですが、右腕やナンバー2と位置づけているスーパー幹部にも実践していってもらいましょう。そんなスーパー幹部がいる組織のもとでは、さらに人が育ちやすくなっていきます。

「教育」の仕組み、ポイントをお伝えしてきましたが、いかがでしょうか？

戦力化する期間を定め、経営者自ら初期教育を行ない、ＯＪＴによる訓練期間のプログラムを作成し、マニュアルを整備していきます。

そして、成長を続けるスーパー幹部や、独立して成功した先輩農家の存在そのものが、教育効果を生み出します。ぜひ、教育の仕組みづくりに着手してください。

11章

「採用」に関する設計

——マッチする人材を採る

Hパイセン　「もしもし……」(眠そう)

藤野　「パイセン、そういえば、いつ頃から外国人技能実習生を入れはじめたんでしたっけ?」

Hパイセン　「就農して3ヶ月」

藤野　「父ちゃんが外国人を入れるようにしたんですか?」

Hパイセン　「違うよ、自分たちだけでこの仕事続けていくのムリ、人を雇おうって父ちゃんに言ったよ」

藤野　「当時は、父ちゃんと母ちゃんとパイセンだけでしたっけ?」

Hパイセン　「まあ、日本人もいたけど、おじいちゃんとおばあちゃんと女の人のパートだけだったかな」

藤野　「外国人だと来てもらいやすいと思ったんですか?」

Hパイセン　「そうねえ、日本人だと、まず自分の農園に来てもらう努力が必要でしょ、外国人の技能実習生は頼めば来るもん」

藤野　「まあ、日本人の場合はまず選んでもらわないといけないですもんね……。それにしても、さっきからずっと眠そうじゃないですか」

Hパイセン　「最近、フィリピンパブはまっちゃってさあ、毎晩楽しいのよ」
藤野　「近くにあるんすか？」
Hパイセン　「そうよ、近くにできたよ。千円札いっぱい握りしめていくと、人気者になっちゃうよ。やりすぎると、『兄さん、子供産んでいいよ』とか言われるけどね」
藤野　「まじすか（笑）」
Hパイセン　「でも、『俺、結婚してるからねえ』って言うと、『大丈夫、子供産んでフィリピンで育てるから。家族いっぱいいる、結婚しなくていいよ。生活費だけ少し送って』って」
藤野　「ハハ。冗談でしょうけど、生々しいですね。農場で働く海外の技能実習生とかも、フィリピンパブ行ったりするんすか？」
Hパイセン　「するよ。やっぱ楽しんでるよ。実習生から『チップあげすぎ』とか言われるけど、『チップあげたら目の色変えるやろ』とか、そういうことを教えてあげてるよ」
藤野　「農村も国際色豊かですねえ。てか、何を教えてるんですか」

日本人スタッフの採用 ⋘

さて、この章では、日本人スタッフや外国人技能実習生等をいざ採用しようという時の、採用ルートや採用の際のポイントを説明していきます。

まず、パートスタッフの採用についてです。選果選別の部門や生産部門の一部の業務の担い手として採用するケースが多いと思います。主な採用方法は次の通りです。

- ●働いている人の「友人や紹介」（これが基本）
- ●コストのかからない「ハローワーク」（一応出しておく）
- ●新聞の「折り込みチラシ」（高時給やその他働く上でのメリットが打ち出せるなら）
- ●住宅地であれば「立て看板」（うまくいけば安価）

パートとは違いますが、「これくらいの作業をやったらいくら」という、出来高制の内職を募集する方法もあります。各家庭で持ち帰って作業してもらったり、こちらから配達して作業してもらったりするほか、作業場を用意し、自由に使ってもらうパターンもあります。

「農業　内職　募集」といったキーワードで検索すると、インターネット上で募集の情報を見ることができるので、参考にするといいでしょう。

たとえば、次のような一文です。

〇〇を詰める内職もあります。自宅でできる作業です。内職の場合はできあがった数で給与をお支払いします。内職は配達します。
連絡先）090－＊＊＊＊－＊＊＊＊　担当：〇〇

営業事務や経理・総務など管理系の人材なら、派遣会社から人を派遣してもらうのも一案です。6ヶ月ほど来てもらい、よければそのまま正社員に転換という方法もあります。少し割高にはなりますが、その分、採用に関わる手間を省略できたり、いきなり社員として雇うリスクを低減できるので、ぜひ検討してみてください。

外国人の働き手を確保する ⋘

生産現場の作業員については、前述の方法で何とかスタッフを確保したいところですが、現実的には、日本人はなかなか続きません。このため、今後の組織づくり・規模拡大を考えるなら、外国人の技能実習制度を使うのがベターであると考えます。

もし、将来的に海外での農場展開や、国内の端境期に外国から作物を輸入するといった供給・販売スキームを視野に入れているのであれば、外国人実習生制度を活用し、ネットワークを築いておくとよいでしょう。彼ら・彼女らが国に戻って活躍できる環境づくりをしていくことは、日本のスター農家の責務でもあると思います。

誤解されがちなことですが、外国人技能実習生は「安価な労働力」ではありません。最低賃金や住む場所の手当て、送り出し機関や受け入れ機関に支払う手数料などがあるので、最低でも、月に15万～20万円くらいはかかります。

むしろ、**「アテになる人材」**という言い方が正しいでしょう。農村のおじさん、おばさんは行事ごとが多いため、労働力としてはあまりアテになりません。一方、実習生は一生懸命働く以外にすることがありません。ですから、組織づくりや規模拡大する時には貴重な戦力なのです。

外国人技能実習生を受け入れる際のポイントは次の2つです。

- 信頼できる送り出し機関、受け入れ機関（組合）を選定すること
- 受け入れた外国人技能実習生からよい評価を得ること

送り出し機関とは、外国側（送り出し国）の機関、受け入れ機関（組合）とは日本国内の機関で、農家は日本国内の受け入れ機関（組合）から外国人技能実習生を受け入れることになります。どこの組合から受け入れるかが重要になってきますが、過去

の実績や周囲の評判などから総合的に判断するとよいでしょう。

基本的に発展途上国からやって来るので、一般的に、受け入れた外国人技能実習生には多くの兄弟や家族がいます。よい待遇や職場環境であれば、そういった兄弟や家族、友人・知人などに口コミが広がり、そうすることで、いい人が来やすくなるでしょう。

農作業なので、あまりに太っている人は向きませんが、今いる外国人技能実習生の兄弟や親族、知人からのつながりで、間違いのない人を採用することをお勧めします。

これからはじめて雇用する場合は、とりあえず日本語に長けた人を入れるのがいいでしょう。

農場長クラスは、「オンボーディング」という考え方 ≪

さて、リーダーやマネージャー候補、あるいは右腕となる経営幹部候補の採用は、どうしたらいいでしょうか？

ポイントは次の3点です。

- 経営者や既存スタッフの人的ネットワークを活用した「リファラル（縁故）採用」
- 選考フロー、初期教育、訓練期間のＯＪＴ体制、評価制度、理念や価値観に基づく組織風土、経営の数値化等、すべての要素を折り込んだ「オンボーディング」プログラム
- 「母数」は多いほうがいい（就農支援サイト、合同説明会、ハローワーク等）

順に説明していきます。

リファラル採用とは、要するに縁故採用のことです。スタッフの元同僚や学生時代の友人・知人といった人的ネットワークを通じて候補者を集め、採用します。

アメリカでは、採用全体の30％を占めるほどメジャーな採用経路と言われています。コネ入社という意味の縁故採用にはネガティブなイメージを持つ人がいるかもしれませんが、経営者や既存のスタッフの人的ネットワークを戦略的に活用しましょう。結果的にそのほうがコストがかからず、定着率が高く、既存スタッフの満足度も高くなります。

もうひとつ重要なキーワードとして、「オンボーディング」プログラムというものがあります。これは、飛行機に乗り込む（オンボーディング）といった意味合いで、会社に乗り込むための一連のプログラムのことを指します。

●当社が求める農場長としての役割や評価基準はこうです！
●そのための、キャリアステップや教育プログラムはこうです！

- うちの農園はこういう価値観で働く人を募集しています！
- 一次面談後の選考フローはこうです！
- 入社後の1ヶ月の初期教育はこうです！

といったことが、採用活動の際に発信されていて、なおかつそれが実際に職場で実施されている――そんな状況が、リーダーやマネージャー候補、あるいは右腕となる経営幹部候補の採用には必要になってきます。

雇用される側の立場に立って、会社に乗り込む、農場に乗り込むための一連のプログラムを用意しておきましょう。

リファラル採用に取り組みつつ、オンボーディングプログラムも設計した上で、なるべく多くの人に自分たちのことを知ってもらう必要があります。

自分たちの会社・組織に興味を持ってくれる母数が多いほど、いい人を採用できる確率は上がります。リファラル採用だけでは間に合わなければ、次のことを実践していくといいでしょう。

●自社のウェブサイトで発信する際、常に採用を意識する
●ソーシャルメディアで発信する際も、職場の雰囲気や仕事内容が伝わる内容にする
●農業法人等への就職を目的とした合同会社説明会への出展や、農業分野専門の就活サイトに募集を出す

なお、本書のおもな対象である、個人・家族経営から法人化を目指す農家、5000万・1億・3億の売上を達成していこうとする農家には、「新卒採用」はまだ必要ないと思います。10億円、あるいはその先のステージに進む時に考えるといいでしょう。

12章

デザイン・ブランディングで組織の見せ方を作る

藤野　「パイセン、なんか最近〝見せ方〟の上手な農業法人が増えてきましたね」

Hパイセン　「必死に儲けろよ、とりあえず稼げよ、としか思わんから、あまり好きじゃないね、特に中身がないやつは」

藤野　「でも、パイセン、今度新しい事務所作るでしょ。なんかカッコいいデザインにするみたいじゃないですか？」

Hパイセン　「そうなんよ。段差があってさ、ひな壇みたいになってて、グリーンの芝生をイメージして、そこでみんながご飯を食べれるようにするの」

藤野　「すいません、意味が全然わかんないです……。まあ、でも今回はけっこうお金かけてるんでしょ？」

Hパイセン　「そうだね、カット工場に併設する建屋で3000万くらい、内装で2000万くらいだから、5000万くらいやろね」

藤野　「でも、見た目とか事務所とか、そこまでこだわってこなかったじゃないですか」

Hパイセン「いや、そんなことないのよ。今はこだわってるよ。見せ方よくしたほうが、より稼げるようになってきたからね」

藤野「どういうことですか?」

Hパイセン「いかにモテるか、じゃない? 所詮は。そのためにがんばってみんな仕事してるわけでしょ。そんでとりあえず稼げるようにならんと話にならんから、がんばって稼ぐわけでしょ。でもその次はカッコよくしたいよね。儲かってて、会社までカッコよければ、パーフェクトでしょ。モテるっしょ!?」

藤野「稼げてないのにカッコつけてる、逆は悲惨という話ですよね。稼げるようになって、カッコよくしていく、順番が大事ということですかね」

Hパイセン「そう、常にモテ続けてー♪」

見え方をコントロールする

さて、最終章です。当初、この章を書く予定はありませんでした。農家の組織づくりがテーマの本なので、デザインとかブランディングの話は不要だと考えていたからです。ただ、組織を作る上で、

- 会社で働く人たちから、どう見られたいか？
- これから働く人たちから、どう見られたいか？
- 取引先のバイヤーに、農場や経営体をどう見られたいか？
- 一般消費者から、パッケージやローカルのテレビＣＭ、街中の看板などを通じてどう見られたいか？
- 投資家や金融機関から、どう見られたいか？

を考えることは、非常に重要だと思い直し、本章を追加しました。

何となく情報発信したり、そもそも無頓着であったりするのではなく、**「誰に」「どう見られたいか」を意識していきましょう。**本書に書かれていることを一つひとつ実践していったら、それを対外的、あるいは組織内部に発信しないと、もったいないです。世の中には、「あとは見せ方の問題」ということも多々あるので、皆さんは、ぜひ見せ方にこだわって、スター農家として輝いてください。

まず販売に直結する部分の見え方を考える ≪

商品のパッケージやネーミング、POPなどの販促ツールは、多くの人の目に触れるものなので、見せ方を変える際、最初に手をつけたい部分です。デザインに関しては、早い段階でプロに任せましょう。食品関連のデザインを得意とする人やコンセプトづくりから考えられる人を味方につけておくといいでしょう。今は、1次産業に目を向けているデザイナーがたくさんいます。

次に名刺や会社案内、封筒をきちんと作りましょう。ロゴマークはさまざまな制作物に使えるので、必須アイテムと言えます。

商談時や他の農園への視察の際には、ユニフォームで対応するといいでしょう。そのために、ロゴマークをデザインに取り入れたユニフォームを作りましょう。

働いている人やこれから働く人を意識する «

ウェブサイトのリニューアルを予定しているなら、採用活動を意識した内容にするのがお勧めです。

B to Bで農産物や食品を販売する場合、ウェブサイト上で商品情報や取引条件を伝え、それで商談が決定するケースは少ないはずです。販売先を訪問したり、農場に来てもらったりして、信頼関係の醸成や諸条件のすり合わせをしていきます。

となると、ウェブサイト上には、商品情報よりも、**「採用」に関する情報を豊富に掲載したほうが、販売取引先からの印象がよくなる**でしょう。採用に関する情報、つまりこれから働こうとしている人を意識した情報発信には、次のようなものがあります。これは同時に、今働いている人たちへのメッセージでもあります。

●理念や具体的なビジョン、中期経営計画の内容
●求める人材像を通じた価値観、業務に対する基本姿勢
●キャリアパスとキャリアに応じた待遇の情報
●何をやっている会社か、扱っている商品の強み（簡潔な説明）
●職場風景（生産の様子、選果選別の様子、6次化の取り組みなど）
●社長あいさつ、社長の組織づくり・成長に対する覚悟
●IT導入や経営の数値化に向けた取り組み、スマート農業への取り組み
●教育制度、人事考課の制度、選考のフローなど
●SNSを通じた、日々の生産現場や職場風景

いかがでしょう?

BtoBの営業の場合、よいバイヤーであれば、商品の良し悪しより、経営の良し悪しを気にします。取引でなく、一緒に「取り組み」ができる相手を探しているからです。であれば、ウェブサイトで発信する内容は、「商品」よりも「採用（組織）」に関する情報のほうが、絶対におススメです。

だんだん余裕がでてきたら、働いている職場そのものの見え方を意識していきましょう。

オープンでコミュニケーションが活発な組織風土を目指すなら、それに適した部屋割りやオフィス家具にします。どちらかというと、図書館のように静かで業務に集中できる雰囲気を組織の風土として実現していきたいなら、それに適した職場環境づくりを考えます。

いかがでしょうか?

3億円までの売上であれば、ここまで述べたことを意識的にやっていければ、十分だと思います。

プロモーション予算を大きく取れる段階になり、「誰に」「どう見られたいのか」という意図が明確ならば屋外看板広告を設置したり、テレビCMを放映することも、有効だと思います。

たとえば、農家自身がマス広告を活用し、スーパー店頭の売上に貢献できるようになれば、まさにスター農家と呼ぶにふさわしい存在感を発揮できます。

組織づくりを着実にやっている農家だからこそ、「見え方」をしっかりコントロールして、経営者であるあなたやあなたの組織の、等身大の魅力が伝わるようにしましょう！

おわりに　売上5000万・1億・3億円を突破する「人が育つシステム」

最後までお読みいただきまして、ありがとうございます。

本書の1章から12章の内容を経営に取り込んだ場合、そこに入社した人がどんな風に育ち、最終的にあなたの右腕や組織のナンバー2になっていくか、以下に物語風に書いてみます。売上数千万円の農業経営体に入社したYさんがどういう風に育っていくのかの物語です。

人が育っていく過程と会社の経営や仕組みがどのように関係するのか、その全体をイメージとしてとらえてください。あくまでフィクションですが、モデルとなる人物は実在します。

＊　＊　＊

≫採用のフェーズ

農家を継いだYさん。朝から晩まで働くも、暮らしは楽になりません。体力的にも限界で、この生活を何歳まで続けられるのか？　不安がよぎります。
そんなある時、縁のあった農業経営者に声をかけられます。

「月30万くらいやるけんさ、うちで働かん？」

聞けば、作業者と管理者を完全に分ける経営をしているようです。

「当然、2年くらいは現場作業をやってもらわないといかんけどさ、要は人をどう効率的に使えるかだからさ、作業やってる時もそれを考えてやってほしいんだよね」
「だいたいさ、人を使えないと給料なんか上がらないでしょ。草取りや収穫作業の効率なんか、どんだけ上げても体力の限界があるしね。ポイントとなる管理ができるかどうかよ」

言われる言葉が、いちいち胸に響きます。Yさんは、その農業法人への入社を決意します。

≫ 現場作業を体得するフェーズ

2年間、生産現場で作物づくりを身につけました。

「これは○○してくれ。理由は△△だから」

1年目は作業内容だけでなく、「なぜ」そうするのかの考え方を常にセットで教えてくれます。

2年目からは、やり方は任せてくれますが、「なぜそうしたのか?」の説明は常に求められます。だから自分で考えるようになります。失敗してもいいから、とにかく自分の頭で考えてほしいんだと感じます。失敗させてもらえる余裕があるのは、ありがたいことです。

と言っても、当然、例外はあります。経営者の感覚で「やばい」と感じる時、過去の失敗経験から「あなたの考えはあると思うけど、今回はこうしてくれ」という時は、先手を打って声をかけてもらいました。

≫農場長化のフェーズ

3年目に入ると、農作業については自分の意見が言えるようになっていきます。「こうしたほうがいいんじゃない?」と言われても、「こういう考えで、こっちのほうがいいと思います」というように。また、作業現場のスタッフや、2~3人を取りまとめる班長クラスに指示を出していくようになります。

現場作業だけでは、いつまでたっても給与が上がらないし、40代以降は体力的にきつくなってきます。でも、農場長としてキャリアアップしていける状況は、Yさんにとって夢があります。キャリアが積み重なって、時間的にも、収入面でも豊かになっていきます。

生産現場の役割と責任だけでなく、選果選別部門や管理部門、加工部門との調整も新たな役割として託されるようになります。原料の調整をどうするか、人員の過不足にどう対応するか、そんな役割と新たな責任にますます身が引き締まります。

≫他の経営体から学び、自社に取り入れるフェーズ

経営者について、全国の先進的な農業生産法人を見て回ります。

「うちも全然負けてないからね」

そういう経営者の言葉と、醸し出す雰囲気で、どこに行っても物怖じせず、堂々としていられます。外を見に行くタイミングも図った上で、いろんなことを吸収させてくれていると感じます。

他の経営体の経営者や農場長クラスから、直接、生産の方法について聞かれたり、また、「Yさんのようなナンバー2がいるのってうらやましい」と言われるようにも

なります。誇らしいことです。

いろいろなネットワークを持っていて、その中での扱われ方を目の当たりにすることで、ますます、自社の経営者に対する尊敬の念が芽生えます。

この会社に身をゆだねて、ついていこうと思うようになります。

》次の農場長を育てるフェーズ

経営者とYさんの相性は重要です。ビジネスライクな関係でうまくいくケースもあるのでしょうが、単純に飲んだり、遊んだりするのも楽しい仲間という感じです。

しかし、向き合っているだけでは長く続きません、当然、よい時も悪い時もあります。有限会社トップリバーの嶋崎秀樹さん※は、経営者とナンバー2が良好な関係を継続するためには、2人で「子育て」をする必要がある、と言います。「ええ！」と思われるかもしれませんが、もちろん本当の子育てではありません、次の農場長の育成です。次の農場長の育成を、2人でああでもない、こうでもないと言いながらやるのです。能力も必要ですが、単純に「かわいいかどうか」が大切でしょう。育てたいかわいいやつがいることで、農場経営者とYさんの関係性は、より良好になっていきます。
※野菜を出荷する農業生産法人でありながら、次世代を担う農業経営者を育てる場にもなってい
ます。農業経営者を作り出すことを人材育成と定義するのであれば、間違いなく第一人者であ
り、全国に多数の農業経営者を輩出されています。

＊　＊　＊

いかがでしょうか？

こうして、経営者であるあなたの理念やビジョンが実現されていきます。

毎年の目標の達成と、業務の改善を続けることで、農家としてどんどん強くなっていき、収益性が上がり、さらに人を雇用することができます。仕組みやマニュアルも完成されていきます。その過程で人が育ち、組織ができ上がっていきます。この、絶えず難しいことに取り組む状態にこそ、あなたやあなたの会社で働く人たちの成長や人間性の向上、幸せな人生を送る要素が詰まっていると思います。

いい会社、いい組織を作りましょう。組織づくりを成功させ、地域のスター農家になってください！

著者略歴

藤野直人（ふじの　なおと）

株式会社クロスエイジ代表取締役、農業総合プロデューサー
1981年生まれ、奈良県生まれ台湾育ち。大学在学中にインターンシップで農業分野と出会い、農業の多くの問題やさまざまな課題を知る。農業が産業として成立する仕組みを世の中に作るべく、九州大学卒業の翌年、社会起業家として2005年に起業。明確なビジョンで夢を実現する、タフでアツいマインドを持つ。

株式会社クロスエイジ　〒816-0811 福岡県春日市春日公園3-61-2

HP：https://crossage.com/　　メール：mail@crossage.com

◆「クロスエイジ」ってどんな会社？　農業界に“スター農家”を創出し“農業を魅力ある産業”にするために「農業総合プロデュース」を行なっている会社です。

◆「農業総合プロデュース」って何？　1. 流通　2. 商品　3. 生産者　の3つの側面からプロデュースし、農家が自立して稼げる事業です。

スター農家H

農家の3代目経営者。売上2000万円の家業を継いだ後、組織が自動成長していく体制を構築し、現在の売上は5億円。売上10億円を目標に事業に邁進している。

これからの農業は組織で勝つ
——売上5000万・1億・3億円を突破する農家の人材育成・組織づくり

2019年5月7日　初版発行

著　者 —— 藤野直人・スター農家H

発行者 —— 中島治久

発行所 —— 同文舘出版株式会社

東京都千代田区神田神保町1-41　〒101-0051
電話　営業03（3294）1801　編集03（3294）1802
振替 00100-8-42935
http://www.dobunkan.co.jp/

ISBN978-4-495-54036-4

印刷／製本：三美印刷　　Printed in Japan 2019